Burkhard Rau

Basiswissen Pferdehuf

Praktischer Hufkurs

Müller Rüschlikon

Impressum

Einbandgestaltung: R2 I Ravenstein, Verden

Titelbild: Gisela Rau

Bildnachweis: Alle Fotos Gisela Rau

Alle Angaben in diesem Buch wurden nach bestem Wissen und Gewissen gemacht. Für einen eventuellen Missbrauch der Informationen in diesem Buch können weder der Autor noch der Verlag oder die Vertreiber des Buches zur Verantwortung gezogen werden. Eine Haftung für Personen-, Sach- und Vermögensschäden ist ausgeschlossen.

ISBN 978-3-275-02296-0

Postfach 103743, 70032 Stuttgart
Ein Unternehmen der Paul Pietsch Verlage GmbH & Co. KG

1. Auflage 2024

Sie finden uns im Internet unter www.mueller-rueschlikon-verlag.de

Lektorat: Claudia König
Innengestaltung: r2 | Ravenstein, Berlin
Druck und Bindung: DZS Grafik d.o.o., 1210 Ljubljana
Printed in Slovenia

INHALT

FILM

Dieser Link führt Sie zu den in diesem Buch enthaltenen Video-Clips zum Downloaden.

Vorwort

Sie haben ein Pferd oder eine Reitbeteiligung an einem solchen. Sie finden das Thema Hufe spannend, Sie möchten mehr Unabhängigkeit von den Profis gewinnen oder haben einfach nur Spaß daran, mehr zu wissen. Genau da möchte ich Sie abholen und auf Ihrem Weg zu den Pferdehufen begleiten.

Nicht mit akademischen Überlegungen und nichtsnutzigem Theoriewissen, nein, hier möchte ich Sie mit anwendbarem und handfestem Wissen rund um die Pferdehufe versorgen.

Nach dem Lesen des Buches und dem Anschauen der Videosequenzen können Sie sicher die Hufe Ihres Pferdes zwischen den Terminen mit dem Schmied oder Barbearbeiter in Form halten. Sie haben verstanden, was wichtig ist.

Dieses Buch ist die perfekte Vorbereitung auf einen praktischen Hufkurs, das ideale Lehrbuch als Handout beim Hufkurs und genauso gut als Erinnerungshilfe im Nachgang des Hufkurses tauglich.

Ich wünsche Ihnen viel Vergnügen beim Lesen und Ausprobieren. Vielleicht sehen wir uns ja auch einmal persönlich in einem Huf- oder Klebekurs.

Burkhard Rau

Diese schlauen Pferdchen zieren den Eingang zur Académie Équestre im französischen Versailles und begleiten uns auch hier ins Kapitel über die wichtigsten Grundlagen.

1. Anatomie – nur das, was für uns wichtig ist

Das Pferd hat sich im Laufe der Evolution zu einem Zehenspitzengänger entwickelt. Wie Sie vielleicht schon wissen, war der Huf einmal der vorderste Teil des Mittelfingers. In diesen vielen Millionen von Jahren hat sich die Form des Knochens verändert und bis heute eine Form erreicht, die die Funktion, nämlich auf der Zehenspitze zu laufen, ideal erfüllen kann.

Bleiben wir bei dem Beispiel unseres Mittelfingers: Stellen Sie den Mittelfinger doch einmal so wie einen Huf, auf dem Sie losgaloppieren wollen, auf die Tischplatte. Wenn Sie Ihren Fingerhuf nun ein wenig belasten, stellen Sie vermutlich sofort drei Dinge fest:

1. Das vorderste Fingerglied wippt im ersten Scharniergelenk bei Belastung ein klein wenig nach hinten, so wie Sie es auch an der Fessel Ihres Pferdes beobachten können.
2. Die Fingerkuppe hat sich ein wenig verformt, je mehr Sie den Finger belastet haben. Die Fingerkuppe ist breiter und dicker geworden.
3. Die Spitze der Fingerkuppe hat sich weißlich verfärbt und ein Streifen von etwa einem Zentimeter darüber ist rötlich verfärbt worden.

So banal wie Ihnen diese Spielerei erscheint, ist sie gar nicht, denn einige der wesentlichen Funktionen des Hufs werden hier deutlich.

Beim Menschen hat sich die Hand zu einer im höchsten Maße spezialisierten Greifmaschinerie entwickelt, die fähig ist, schwere Dinge von 30 oder 40 kg zu greifen und zu heben, aber genauso einen kaum sichtbaren Nähfaden in ein nur wenig größeres Nadelöhr zielsicher einzuführen.

So spektakulär wie die Leistung unserer Hand erscheint einem die Leistung der Natur, das Lauforgan des Pferdes entwickelt zu haben, auf den ersten Blick nicht, aber schauen wir es uns einmal etwas genauer an ...

Das Pferd ist ein Pflanzenfresser, somit steht es in der Nahrungskette an einer Stelle, wo es als biologisch vorgesehene Mahlzeit für große Raubtiere positioniert ist. Das ist auf den ersten Blick grausam, hat aber zu dieser Entwicklung und Perfektionierung der Lauforgane des Pferdes geführt. Da immer nur die schnellsten Pferde überleben konnten, haben sich auch immer nur die aufmerksamsten und schnellsten Tiere in der Herde fortpflanzen können.

Ein Bestandteil der Evolution ist auch die Mutation: Missbildungen können etwas Schlechtes sein, sie können sich aber auch ganz toll auf das Überleben einer Rasse auswirken. Es kann sich herausstellen, dass eine »Missbildung« eine enorme Verbesserung der Überlebenschancen darstellt. Somit werden sich die Träger dieser zufällig entstandenen, oft starken Veränderungen vermehrt fortpflanzen, da sie nun bessere Überlebenschancen haben und somit auch länger leben und mehr Nachkommen produzieren können.

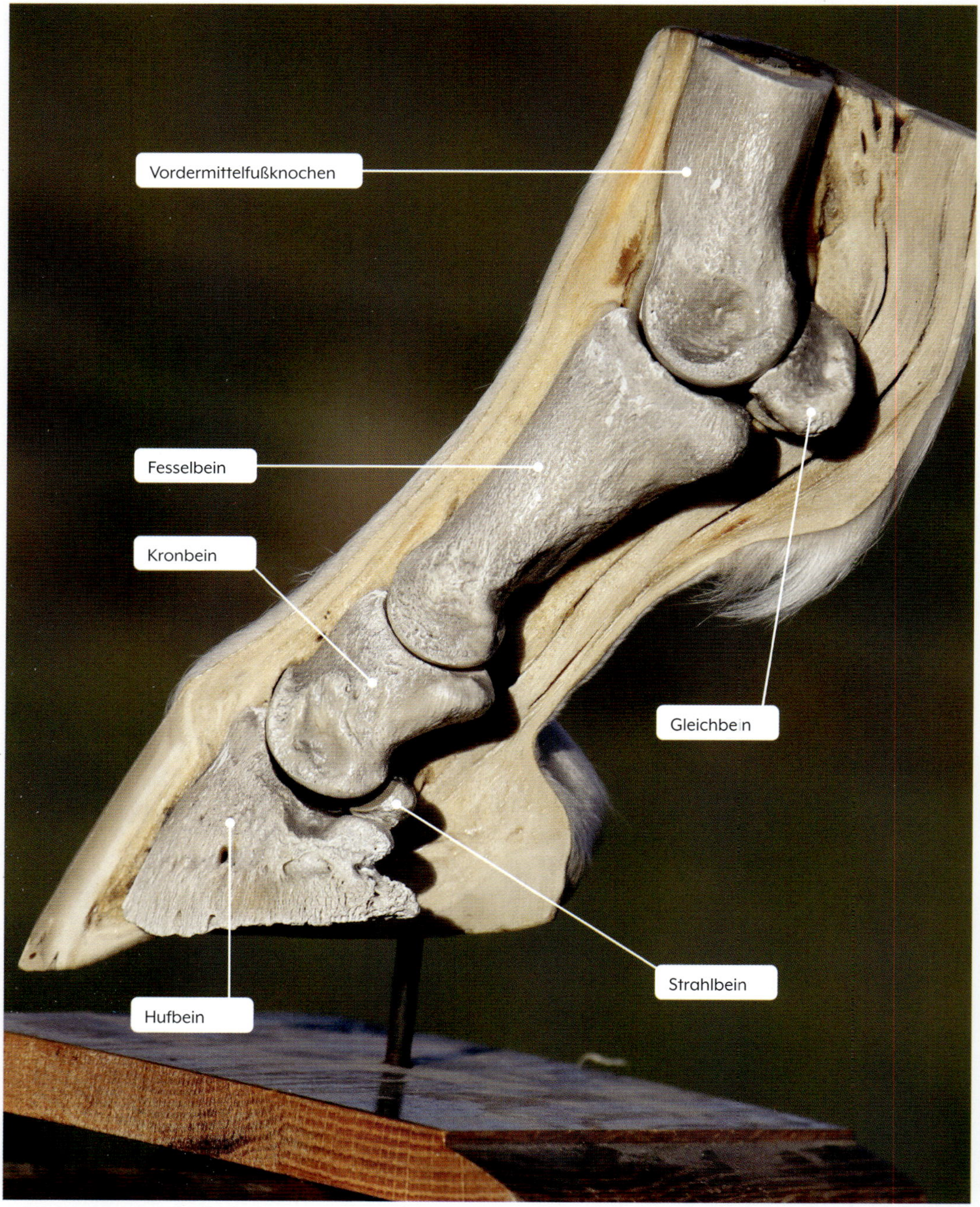

Die Knochen der distalen Gliedmaße.

Aufmerksam sein, Feinde früh zu bemerken, schnell reagieren und sehr schnell flüchten zu können waren neben der untergeordneten Fähigkeit, sich wehren zu können also die Faktoren, die für das Pferd eine optimale Sicherung des Überlebens darstellten.

Haben Sie eigentlich mal einen Leichtathletikwettbewerb aufmerksam verfolgt? Während die Langstreckenläufer bei ihrem Lauf den ganzen Fuß benutzen, bewegen sich die Sprinter nur auf ihren Zehen und dem vorderen Teil des Ballens.

Die Zehenspitze des Pferdes ist inzwischen mit einer stabilen Hornkapsel umhüllt. In der Hornkapsel liegen das Hufbein, das Strahlbein und ein Teil des Kronbeins.

Aus der Funktion als Lauffläche ergeben sich auch schon die ersten Anforderungen, die, da das Pferd ja nun seit einigen Jahrmillionen auf unserer Erde zu Hause ist, von der Hornkapsel wohl auch erfüllt werden.

Sie muss hart genug sein, damit das Pferd bei einer schnellen Flucht keine schwerwiegenden Verletzungen davonträgt, und sie muss abriebfest genug sein, damit auch ständige Bewegung und häufige Flucht möglich sind.

Da das Pferd in der Hornkapsel und auf dieser Lauffläche nicht nur schnell laufen muss, sondern auch bei Wind und Wetter darin herumsteht, sollte sie auch die Außentemperatur abschirmen können, um im Winter Erfrierungen und im Sommer Verbrennungen zu verhindern.

Erinnern Sie sich an Ihren letzten Urlaub am Strand und den langen Weg vom Liegestuhl zum Ufer? Wie oft habe ich mir da schon einen Pferdehuf an den Füßen gewünscht, wenn ich mich der heiße Sand zwang, zum jungen, dynamischen Sprinter zu werden.

Nun gönnen Sie sich doch einmal etwas Sauerstoff und besuchen Sie Ihr Pferd. Stellen Sie sich seitlich neben das Tier und schauen Sie sich ganz bewusst seine langen Beine von der Seite an. Da Sie ein vollkommen mustergültiges Prachtexemplar in Ihrem Stall stehen haben, werden Sie erkannt haben: So gerade sind die Pferdebeine gar nicht. Die gesamte Konstruktion des Pferdekörpers, besonders die des Bewegungsapparats, hat das Ziel, das Gewicht des Pferdes möglichst schnell zu beschleunigen, damit dieses dem bösen Feind entkommt.

Natürlich soll das Pferd auch den ganzen Tag fressen können, aber wäre das ein vorrangiges Ziel der Natur gewesen, so wäre das Maul, das der Futteraufnahme dient, wohl dichter am Boden zu finden. Am Rande sei bemerkt, dass es mich im Moment wundert, warum mein Haflinger, der draußen vor der Türe frisst und auf Nachschub wartet, ein Stockmaß von über 70 cm erreicht hat.

Mit der Flucht und der hohen Geschwindigkeit, die dabei erreicht wird, ist ein weiteres Problem für die Beine und die Hufe verbunden. Es entstehen sehr große Kräfte sowohl beim Absprung als auch bei der Landung. Versuchen Sie doch einmal, nur mit der Kraft der Zehenspitzen von der

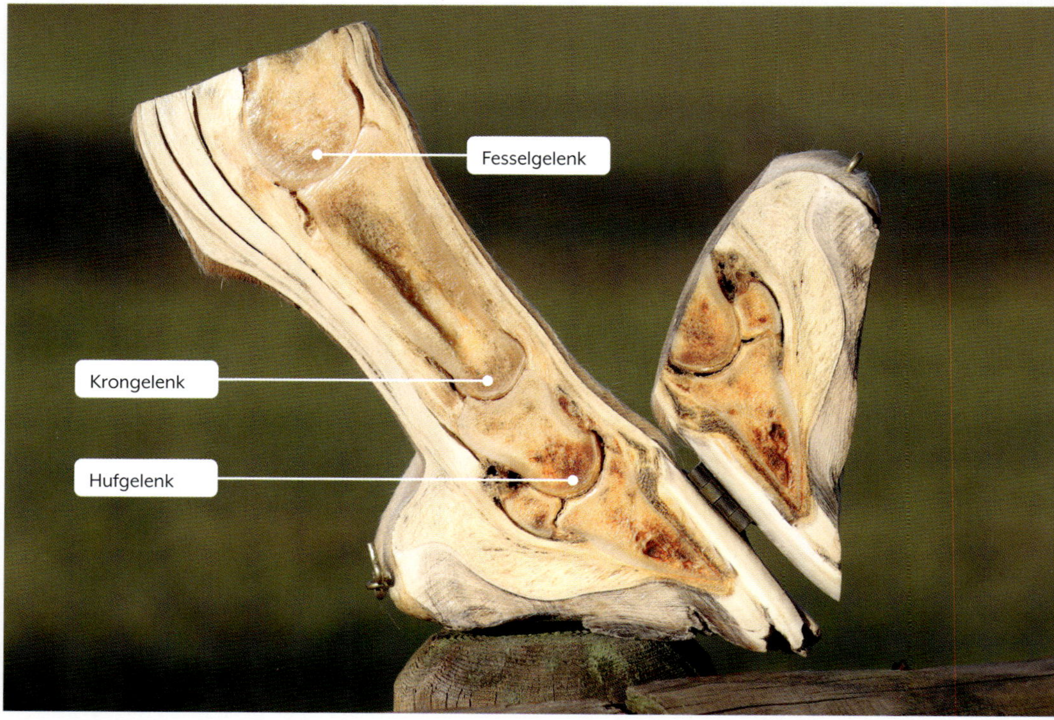

Die Gelenke der distalen Gliedmaße.

zweiten Treppenstufe auf den Boden zu springen. Automatisch werden Sie bei der Landung Ihre Gelenke einsetzen, um die Energie der negativen Beschleunigung aufzunehmen. Wenn Sie beim zweiten Versuch noch einmal abspringen und versuchen, mit geradem Körper und völlig durchgedrückten Beinen zu landen, haben Sie sich auf eindrucksvolle Weise klar gemacht, warum das Fesselbein nicht senkrecht zum Boden stehen kann und warum Pferde, die sehr steil gefesselt sind, oftmals deutlich härter und schwerer zu sitzen sind (das ist allerdings nur ein Grund).

Die Winkelung der Extremitäten (natürlich auch die Aufhängung der Gliedmaßen in Brustkorb oder Becken) des Pferdes dient neben der Möglichkeit der schnellen Flucht auch zur Absorption der aufzunehmenden Energie bei der Landung und beim Bremsen. Die Winkelungen werden durch Gelenke erreicht.

Gelenke sind Stellen, an denen zwei (oder mehr) Knochen aneinander liegen und eine Bewegung ermöglichen. Die Knochenenden sind nach dem biologischen Schlüssel-Schloss-Prinzip geformt und passen somit ideal zusammen. Sie werden durch Sehnen und Bänder zusammengehalten und von Muskeln bewegt. Wenn die Knochenflächen ungeschützt aneinanderreiben würden, wäre der Spaß der Beweglichkeit ein kurzer, denn der Knochenverschleiß an den Reibestellen würde nach kurzer, heftiger Erkrankung zur Versteifung des Gelenks führen. Vorsorglich hat die Natur diese Knochenenden also mit Knorpelschichten überzogen, welche den Verschleiß geradezu ganz aussetzen. Dazu kommt auch noch genug Schmierstoff aus den Gelenkschleimbeuteln oder bei einigen Gelenken in Form der Synovia, einer Flüssigkeit, die den Gelenkbeutel füllt.

Wie in der Natur nicht selten, haben aber auch die Knorpel eine weitere Aufgabe: Sie sind deformierbar und somit geeignet, Energie wie beim Landen nach einem Sprung aufzunehmen.

Nach der Deformation sollten die Knorpel wieder ihre ursprüngliche Form einnehmen. Liebe Büromenschen! Wie ist es denn um Ihre Bandscheiben bestellt? Haben da alle Bandscheibenknorpel noch die Form aus Ihrer Jugendzeit?

Sicher leuchtet ein, dass die Winkelung der Gliedmaße den größten Teil der anfallenden Energie absorbieren kann und die Knorpelflächen nur einen geringen Teil. Wichtig ist aber daran zu erinnern, dass eine gleitende und damit energieaufnehmende Bewegung der Gelenke nur mit lockerer und starker Muskulatur gelingen kann. Damit kommt lockerer Muskulatur eines befreit laufenden Pferdes für die verschleißfreie Bewegung eine enorme Bedeutung zu (mehr dazu in meinem Buch »Hufe gesund reiten«). Aber nach der Addition der beiden Komponenten Gelenkbewegung und Knorpelkompression bleibt immer noch ein kleiner Energieteil übrig. Erinnern Sie sich an den zweiten Punkt des Fingerbeispiels?

So wie die Fingerkuppe verformt sich auch die Hornkapsel und kann so circa vier Prozent der aufzunehmenden Energie in Bewegung und Wärme umsetzen.

Diesen Prozess der Formveränderung der Hornkapsel bei Be- und Entlastung nennen die Fachleute »Hufmechanismus«.

1.1. Der Hufmechanismus

Viele Produzenten von Hufschutz werben für ihre Produkte, indem sie die vorteilhafte Auswirkung ihres Hufschutzes auf den Hufmechanismus des Pferdes hervorheben. Für die Entscheidung über den Beschlag sind also eine genaue Kenntnis und die richtige Einordnung der Bedeutung des Hufmechanismus unentbehrlich.

Sicherlich haben Sie in einem Artikel oder in einem Buch schon irgendetwas zu diesem Schlagwort gelesen. In der bei allen Fachleuten anerkannten Literatur beginnt die Erklärung mit dem Satz: Es handelt sich hierbei um die Formveränderung der Hornkapsel bei Be- und Entlastung.

Die Erkenntnis, dass die Hornkapsel des Pferdehufs nichts Starres ist, gibt es schon

Auf einem frisch abgenommenen Eisen sieht man gut, wie der Hufmechanismus die Schenkel blankgescheuert hat. Es sind richtige Rinnen entstanden (Pfeile). An dem rechten Eisen sieht man auch, dass das Eisen zu eng war, weil sich der Huf über den Rand hinausbewegt hat (Kreismarkierung).

sehr lange. Bereits im Jahre 1754 erschien die erste wissenschaftliche Abhandlung zu diesem Thema in Paris (C. Lafosse, *Observations et Découvertes sur des Chevaux*) und auch im 18. und 19. Jahrhundert haben sich die Wissenschaftler weiter mit diesem Problem beschäftigt. So wurde herausgefunden, dass sich der Trachtenbereich bei Belastung weitet.

Aber erst Knezevic hat Mitte des 20. Jahrhunderts mit Dehnungsmessstreifen gemessen, erkannt und nachgewiesen, dass es bei der Belastung Bereiche des Hufs gibt, die sich weiten und andere Bereiche, die sich gleichzeitig einschnüren. Er fand auch Zonen in der Hornkapsel, die nach dieser Messmethode keine Formveränderungen zeigten.

Dieses war insofern eine große Neuerung, als man offensichtlich bis zu diesem Zeitpunkt vermutete, dass sich das Volumen des Hufs während der Belastung vergrößern könnte und bei Entlastung wieder in die Ausgangsform zurückfiele. Nach Knezevic war nun davon auszugehen, dass die Formveränderungen sich gegenseitig aufhoben und also Bewegungen der Hornkapsel bei konstant bleibendem Volumen geschahen.

Nun beginnt es für Sie beziehungsweise für Ihr Pferd besonders interessant zu werden. Ich versuche es noch einmal mit dem »Fingerbeispiel«: Wenn der Finger nach dem Aufsetzen auf die Tischplatte Druck bekommt, so registriert der Körper auf einmal den Fingernagel. Ist er lang, eingewachsen oder einseitig abgebrochen? Im Moment des Aufsetzens des Fingers auf die Tischplatte empfangen Sie das Gefühl und werden den Druck auf den Finger regulieren, um ein in der Situation möglichst angenehmes Gefühl zu erhalten.

Gleiches passiert im Huf – und hier liegt die Aufgabe der Hufbearbeitung: Erkennen der Bewegung, Herausfinden für Gründe einer unpassenden Bewegung, wenn möglich die Ursachen beseitigen und das Pferd zur gesunderhaltenden Bewegung motivieren.

Hört sich abstrakt an? Ist es aber nicht. Eine umgekippte Eckstrebe drückt auf die Sohle. Die unterliegende Sohlenlederhaut bekommt Druck, die Durchblutung ist gemindert, es kommt zu einer Drucknekrose/zum Hufgeschwür. Oder die schlanke und stark aufrecht stehende Eckstrecke leitet den vom Boden aufgenommenen Druck an die Lederhaut weiter. Die Trachtenberührung wird dem Pferd unangenehm und es fußt vermehrt auf der Zehe auf. Sie erkennen einen immer kürzer werdenden Schritt.

Noch ein Beispiel? Der Hufbearbeiter schneidet die Eckstrebe nicht für eine Strebe angemessen gerade, sondern der Sohle folgend bogenförmig aus. Der Hornkapsel ist Stabilität genommen und es startet eine negative und dauerhafte Verformung der Hornkapsel und das nur aufgrund einer gedankenlosen Bearbeitung.

Aber wie muss denn dieses Horn beschaffen sein, damit man ihm die Eigenschaft höchster Stabilität und Verformbarkeit bei gleichzeitig geringem Eigengewicht zutrauen kann?

FILM ▶▶▶

Der Hufmechanismus

1.2. Aufbau des Hufs

Die Natur hat bei der Konstruktion des Hufs tief in die Trickkiste gegriffen. Das Hufhorn als ein Ganzes gibt es gar nicht, denn es ist zusammengesetzt aus Schichten verschiedener Hornzellen mit grundverschiedenen Eigenschaften. Es gibt drei Grundtypen von Hornzellen, die bei der Konstruktion des Hufs zur Verwendung kommen:

1.2.1. Das Horn des Strahls

Der Strahl besteht aus einer extrem quellfähigen Hornart, einem Weichhorn. Die Zellen können große Mengen Wasser aufnehmen und werden dann weich und »gummiartig«. In diesem Zustand kann der Strahl bis zu 80 Prozent aus Wasser bestehen. Genauso ist aber jedem Pferdehalter bekannt, dass der Hornstrahl dieses eingelagerte Wasser wieder abgeben kann. Denn wenn das Pferd im Hochsommer auf der Wiese oder dem Sandplatz steht, haben Sie alle schon beobachtet, dass sich der Härtegrad des Strahlhorns von dem des angeschlossenen Sohlenhorns kaum unterscheidet.

FILM ▶▶▶

Mit einem Hufnagel werden die unterschiedlichen Hufhornhärten gezeigt.

1.2.2. Das Horn der Hufsohle

Die Sohle besteht aus einem harten Horn. Es ist sogenanntes Röhrchenhorn, da sich die Hornzellen zu einem röhrchenartigen Verbund zusammenschließen. Die einzelnen Hornröhrchen sind von Kitthorn umgeben, welche dann zusammen die geschlossene Hornplatte ergeben. Die Hornplatte der Sohle hat nur eine Stärke von circa zwölf Millimetern. Trotzdem ist das Harthorn der gewölbten Sohle bei der Belastung geschmeidig genug, um sich in Richtung Boden abzuflachen.

1.2.3. Das Horn der weißen Linie *(Zona alba)*

Die weiße Linie besteht aus Blättchenhorn. Dieses Horn ist die Verlängerung der Hornstrukturen des »Aufhängeapparats«. Mithilfe dieser Konstruktion ist der Hufbeinknochen und damit das gesamte Gewicht des Pferdes mit der Hornkapsel verbunden. Dass es sich hierbei um eine sehr feste, aber immer noch flexible Verbindung handeln muss, leuchtet ein. Auf dem Hufbein liegt die Wandlederhaut auf. Die Wandlederhaut ist nicht glatt, sondern hat sehr viele Aufstülpungen. Jede dieser Falten ist mit quer liegenden Plättchen besetzt, sodass eine sehr innige, aber in alle Richtungen bewegliche Verbindung entstanden ist. Die Ausläufer dieser beiden Schichten des Aufhängeapparates sehen wir als *Zona alba* an der gesäuberten Sohlenansicht des Hufs.

1.2.4. Die Hornwand

Die Hornwand entspricht in den Hornteilen der Struktur der Hornsohle. Auch hier sind

Die weiße Linie, auf die der Hufzirkel hier zeigt, ist die nach außen sichtbare Verlängerung des Aufhängeapparats zwischen Hufbein und Hornkapsel (Blättchenhorn).

Hornröhrchen, verbunden mit Kitthorn, die Bestandteile der Hornwand oder der äußeren Schutzschicht.

Sie erkennen, dass bei dem Hornschuh weiche und harte Hornschichten abwechselnd auftreten. Interessant ist auch die Beobachtung, dass die äußere Hornschutzschicht nicht gleichmäßig dick ist, sondern sich von der Zehe zur Tracht hin verjüngt. Auch die Hornsohle wölbt sich individuell unterschiedlich ein bis zwei Zentimeter in Richtung Hornstrahl. Der Hornstrahl hat in der Vorderansicht die Form eines nach hinten offenen M.

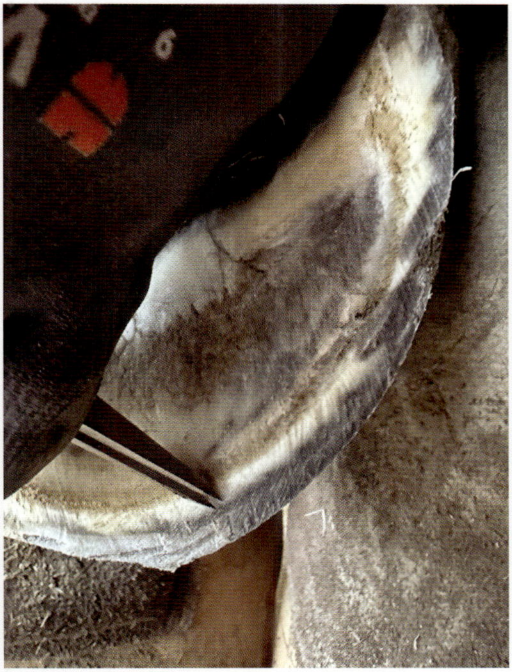

Die Trennschicht zwischen pigmentiertem und unpigmentiertem Horn nennt man Waterline (s.a. S. 60).

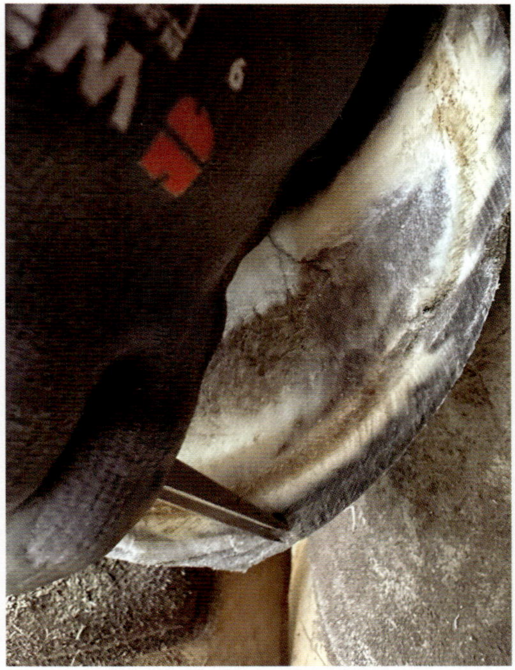

Pigmentierte äußere Hornwand (stabiles Röhrchenhorn).

Diese konstruktiven Merkmale ermöglichen die Formveränderung der Hornkapsel. Außerdem ist die Hornkapsel durch diese Konstruktion sehr leicht. Die Hornkapsel eines Warmblutpferdes wiegt nur circa 420 Gramm.

In vielen Tests wurde herausgefunden, dass das Maß der Formveränderung des Hufs von der Härte des Untergrundes abhängt. Auf hartem Untergrund war die gemessene Erweiterung der Trachten in der Ebene des Tragrandes maximal, in sehr weichem Geläuf allerdings wurde keine Formveränderung gemessen.

Des Weiteren wurde festgestellt, dass sich die Hornröhrchen auch im Maße der Nachgiebigkeit des Kitthorns gegeneinander verschieben können, sich das Hufhorn bei Bodenunebenheiten also dem Relief anpassen kann. Von hinten gesehen ist eine minimale Verschiebung der Ballen gegeneinander möglich.

Im Bein des Pferdes sind ausschließlich Scharniergelenke zu finden, die nur sehr geringgradige seitliche Bewegungen zulassen. Seitliche Bewegungen in den Gelenken kommen nur dadurch zustande, dass der jeweilige Gelenkknorpel zusammengedrückt wird. Wenn das Pferd auf unebenen Böden laufen soll, so werden in erster Linie das Hufgelenk und das Fesselgelenk für den Ausgleich benötigt. Die Fähigkeit des Horns, sich in kleinen Grenzen an das Relief anzupassen, entlastet also die Gelenkknorpel und überhaupt die Gelenke des unteren Beins.

Nun fragen Sie sich wahrscheinlich, wie stark die beschriebenen Formveränderungen in der Hornkapsel denn sind. Die Erweiterung des Tragrandes im Bereich der Trachten ist von verschiedenen Fachleuten gemessen worden. Sowohl die Messung in vitro (im Labor) als auch Messungen in vito (am lebenden Tier) ergaben Werte von bis zu 1,8 Millimetern Erweiterung an der Trachte.

In der hinlänglich bekannten Literatur wird bei der Betrachtung des Hufmechanismus neben seiner Funktion als stoßbrechende Einrichtung vor allem auf dessen Funktion als Blutpumpe hingewiesen.

Sie erinnern sich, dass ein Pferdebein unterhalb des Sprung- beziehungsweise Karpalgelenks keine Muskulatur mehr besitzt. Muskeln sind in einem Organismus in der Regel wichtige Organe, die die Durchblutung unterstützen. Lange galt die Vermutung, dass der Hufmechanismus eine Blut pumpende Funktion hätte.
Das muss allerdings sehr stark relativiert werden, da die Formveränderungen der Hornkapsel zum einen bei nahezu gleichbleibendem Volumen geschehen und die an der Stelle der Tracht maximale Pumpbewegung von 1,8 Millimetern selbst bei größter Fantasie keine große Bedeutung haben kann.

In der Tiermedizin wird daher dem Hufmechanismus in diesem Punkt eine Mithilfe der Entblutung des venösen Geflechts oberhalb des Strahlpolsters zugestanden.

Die einzige durchblutungsfördernde Hilfe, die sich in der Hornkapsel tatsächlich verbirgt, sind die so genannten A-V-Shunts (Rückschlagventile an dem Übergang von der Arterie in die Vene), welche die Fließrichtung des Blutes nur in eine Richtung ermöglichen.

1.3. Auf einen Blick

Die Aufgaben des Hufmechanismus

- Der Hufmechanismus ist ein Element der stoßbrechenden Einrichtungen. Neben der Aufhängung des Pferdebeins im Brustkorb beziehungsweise Becken, der Winkelung der Gliedmaße und den Knorpelflächen der Gelenke nimmt der Hufmechanismus einen Teil von bis zu vier Prozent der zu absorbierenden Energie auf, die beim Aufprall des Pferdebeins auf dem Boden entsteht. Diese Energie wird in Bewegung der Hornkapsel umgewandelt. Eine starre und unbewegliche Hornkapsel würde zerbersten. Neben der Bewegungskomponente der Hornkapsel wird ein Teil der Energie in Wärme umgewandelt. Wärme ermöglicht eine gute Durchblutung im Kapillarsystem und damit eine ausreichende Blut- und Energieversorgung aller Lederhautbereiche des Hufs.

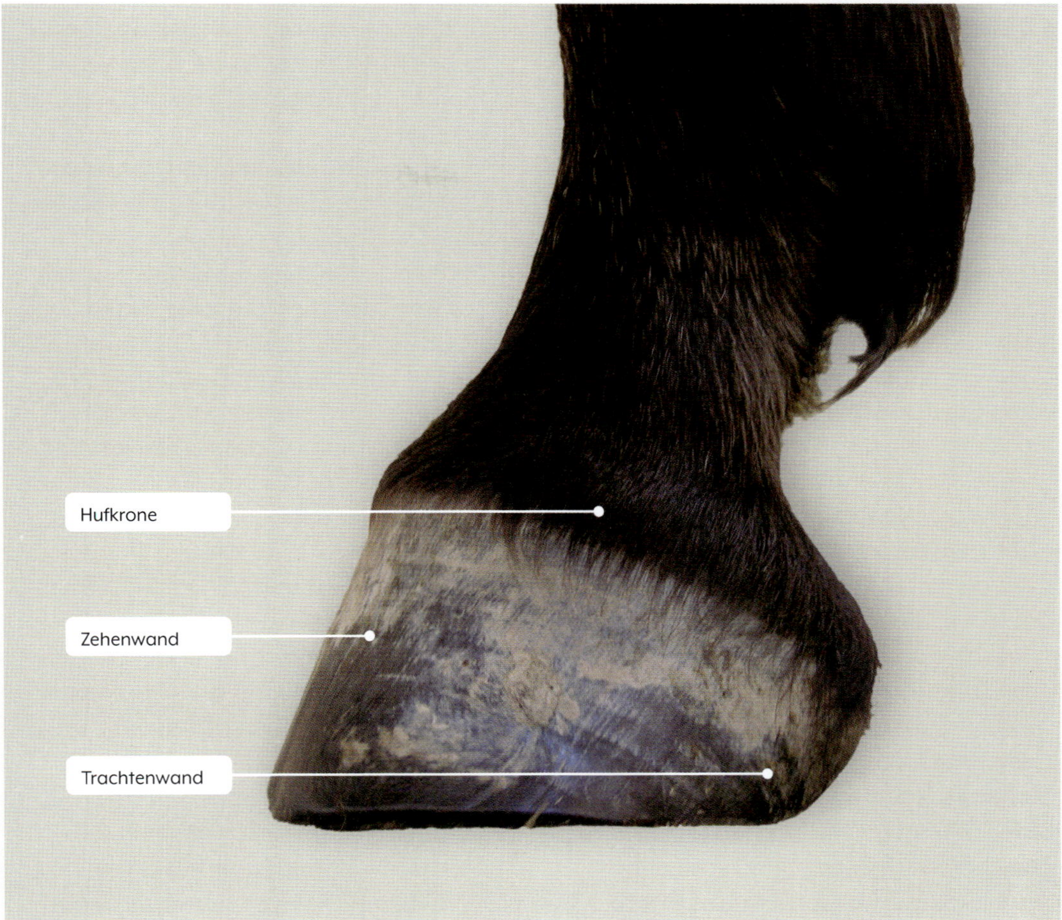

Bezeichnungen für die Teile der Hornkapsel.

- Die Hornkapsel ist in ihrer Struktur geringgradig flexibel und kann Reliefunterschiede ausgleichen. Dies ist ein Element zur Schonung der Scharniergelenke des unteren Pferdebeins.
- Der Hufmechanismus unterstützt die Entblutung des Kapillarsystems der Vene, das sich oberhalb des Strahlpolsters befindet.

Die Intensität des Hufmechanismus ist von vielen Faktoren abhängig:

- **Die Härte des Reituntergrundes:** je härter der Boden, desto mehr Formveränderung am Huf; je weicher der Untergrund, desto geringer ist die zu beobachtende Formveränderung der Hornkapsel, da die Energie vom nachgiebigen Boden absorbiert wird.

- **Die Hufform:** Während weite Hufe eine stärkere Tendenz zur Formveränderung haben, werden sich die engen Hufe geringgradiger verändern. Zwanghufe können anstatt einer Trachtenerweiterung unter Belastung eine Trachtenverengung zeigen.
- **Die Härte des Horns:** Während weiches Horn sehr heftig auf Belastung reagiert, wird die harte oder zu harte Hornqualität geringere Formveränderungen zeigen.
- **Das Gewicht von Pferd und Reiter:** Das erhöhte Gewicht erhöht die zu absorbierende Energie und kann die Aktivität der Formveränderung erhöhen.
- **Das Reittempo:** Die auftretende Energie, von der der Hufmechanismus vier Prozent aufzunehmen hat, steigt im Quadrat der Geschwindigkeit.
- **Die Steigung des Untergrundes:** Bergauf werden stärkere Dehnungen an den Hinterhufen, bergab höhere Dehnungen an den Vorderhufen gemessen.
- **Die Fußung:** Die Messungen zum Hufmechanismus bezogen sich alle auf regelmäßig, also plan fußende Pferde. Jede davon abweichende Fußung verändert die Abläufe der Formveränderung in der Hornkapsel.
- **Die Gliedmaßenführung:** Sie bestimmt die Heftigkeit des Auffußens und damit das Tempo der Formveränderungen der Hornkapsel. Daraus ergeben sich ebenfalls quantitative Unterschiede.
- **Der Hufschutz:** Er beeinflusst die Ausprägung des Hufmechanismus. Die geringste Veränderung zum unbeschlagenen Pferd sind bei nicht genageltem Hufschutz erkennbar (geklebte und geschnallte Hufschuhe). Bei allen genagelten Hufschutzvarianten sind Verspannungen des Hufhorns in der Nagelzone erkennbar.
- **Die Formveränderung der Hornsohle und die Aufgabe des Strahls bei Belastung:** Bei Belastung der Hornkapsel durch das von oben wirkende Gewicht verformt sich die Hornsohle, indem sie in Richtung Boden abflacht. Der Strahl wird mit der Sohle in Richtung Boden gezogen. Fälschlicherweise wird immer wieder behauptet, dass Bodenkontakt des Strahls eine Voraussetzung für einen funktionierenden Hufmechanismus ist.

Die Situation ist anders: Das Hufbein ist über den Aufhängeapparat mit der Innenseite der Hornkapsel innig verbunden. Die Gewichtsaufnahme des Beins wird über die Knochen des Beins zum Hufbein geleitet. Die Bewegung des Hufbeins gegen die Sohle führt zu verstärkten Zugkräften des Hufbeins über den Aufhängeapparat an die Hornkapsel. Die Hornkapsel wird also durch das Hufbein in ihre Formveränderungen gezogen. Das lockere Gewebe im Inneren des Hufs über dem Strahl wird in dieser Phase entlastet. Messungen haben ergeben, dass sich der Druck im Strahlpolster während der Belastung senkt.

Die Aufgabe des Strahls besteht in der langsamen Druckaufnahme und der damit verbundenen Limitierung der Sohlenauswölbung in Richtung Boden. Alle Befürchtungen der Reiter, die sagen, dass ihr Pferd beschlagen werden muss, weil es auf dem Strahl läuft, sind genauso unberechtigt wie die derer, welche sagen, mein Pferd muss unbeschlagen laufen, damit der Hufmechanismus funktioniert. Der Strahl hat also keine aktive Aufgabe im Hufmechanismus, denn er drückt den Huf nicht auseinander, sondern wird mit der Sohle nach unten geschoben.

Ein schlecht gepflegter, verkümmerter Strahl führt dazu, dass sich die Sohle zu weit abflacht. Andererseits kann der Strahl auch verkümmern, wenn er – wie bei Trachtenzwanghufen, die sich bei der Belastung zusammenziehen – seitlichen Druck bekommt. Ein Problem ist die Erhöhung des Tragrandes durch den Beschlag. Da der Hornstrahl auf harten Böden keinen Bodenkontakt aufbauen kann, ist die Sohlenabflachung nur durch die den Hufmechanismus beeinträchtigenden Hufnägel begrenzt. Der Hufmechanismus wird auf harten Untergründen durch die sich stärker aufbauende Verspannung der Hornkapsel durch die Hufnägel gebremst.

Beim Kunststoffbeschlag liegt ein breiter Steg über dem Strahlkörper. Dieser Steg initiiert nicht die Entstehung der guten Aktivität des Hufmechanismus, trägt aber zur Abbremsung der Sohlenabflachung bei. Die durch den Druck auf den Strahl entstehenden nekrotischen Veränderungen sind dauerhaft sehr schädigend. Das Beschriebene betrifft nur die Bewegung des Pferdes auf harten Böden wie Teer oder Asphalt. Da diese Untergründe sicherlich nicht grundsätzlich die Hauptreituntergründe sind, muss das Gesagte aus dieser Sicht relativiert werden.

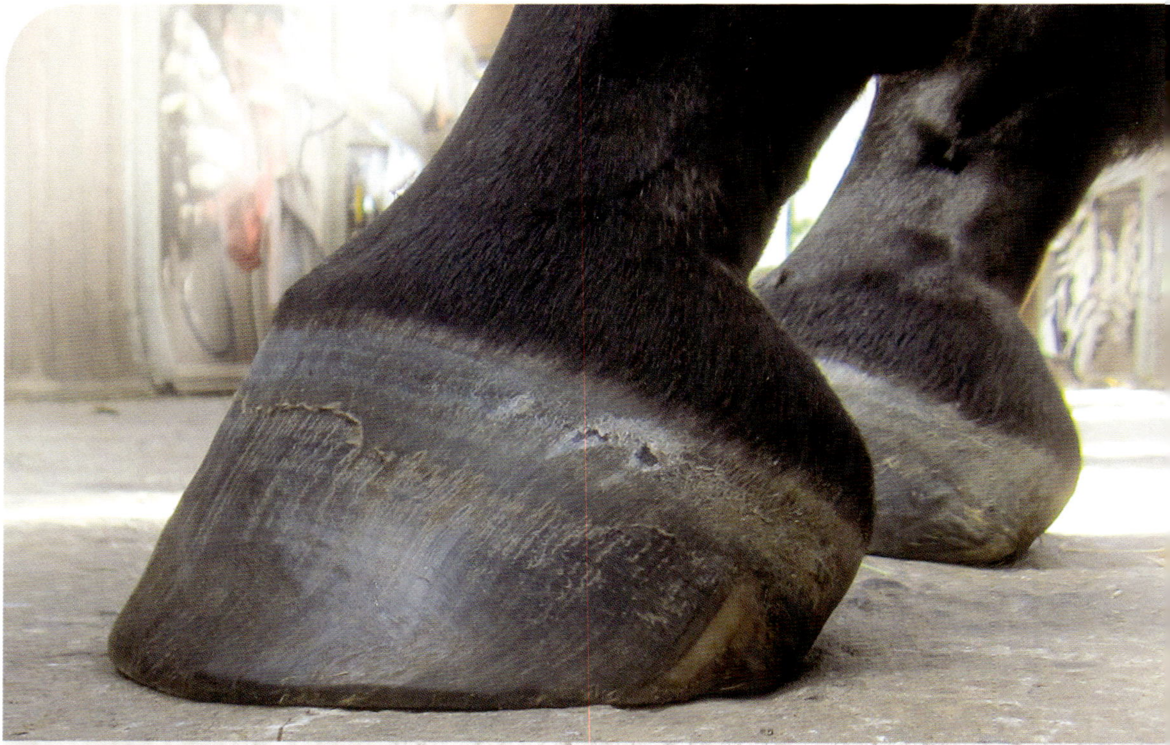

2. Das Aussehen des guten Hufs

Einen guten Vorderhuf erkennt man wie folgt:
Der Huf hat eine runde Form, wie sie gut geeignet ist, um die Stützkräfte beim Auffußen aufzunehmen. Die Wände sind gerade gestreckt und glatt, das Hufhorn glänzt und ist seidenmatt. Der Tragrand ist weiter als der Kronrand. Wenn Sie vor Ihrem Pferd stehen und den Huf bewundern, zeigt die Hufkrone einen geradlinigen Verlauf ohne Aufwölbungen oder Einbuchtungen. Von der Seite verlaufen die Zehenwand und die Trachtenwand parallel zueinander. Die Zehenwand ist etwa dreimal länger als die Wand der Tracht. Die weiteste Stelle des Hufs soll etwa einen Zentimeter hinter der Strahlspitze liegen. Der Huf passt im Wandverlauf zum Verlauf des Fesselbeins.

Die Sohlenfläche hat eine gleichmäßige Wölbung und ist glatt. Die Eckstreben verlaufen gerade von der Trachtenecke in Richtung Strahl; die weiße Linie verbindet die Sohle mit der Hornwand durchgängig. Der Strahl liegt mittig in der symmetrischen Hornkapsel und hat eine W-Form, er besitzt deutlich weicheres Horn als das umliegende Sohlenhorn.

Glattes, zusammenhängendes Hufhorn, Zehen- und Trachtenwand parallel: So sieht ein guter Huf aus.

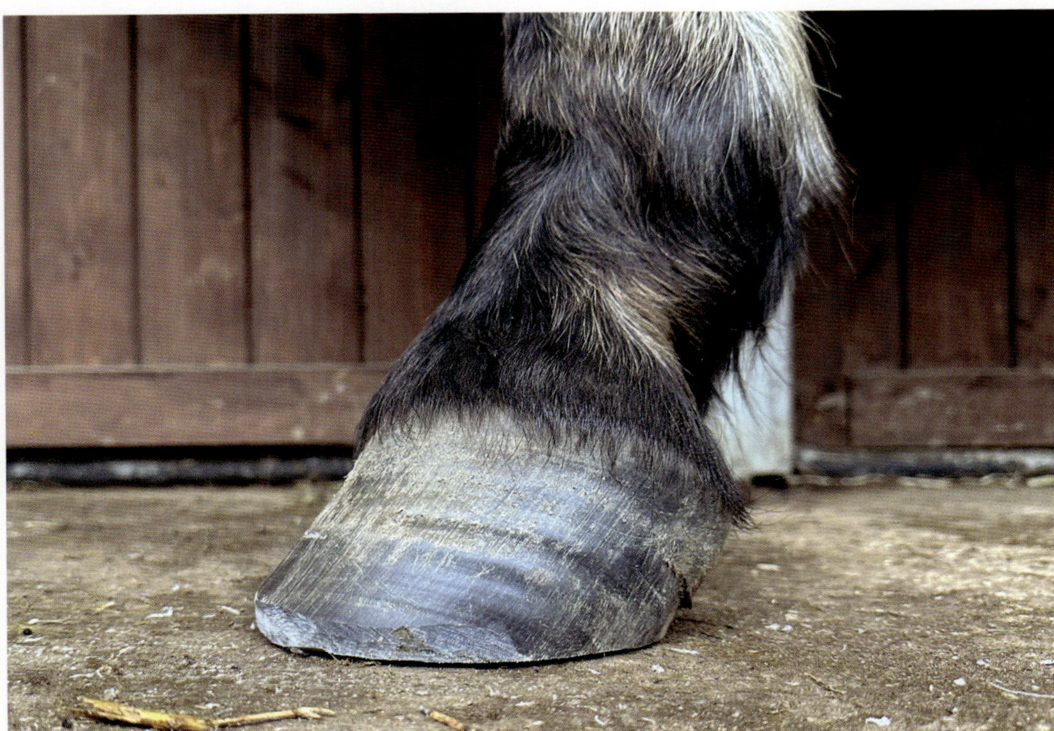

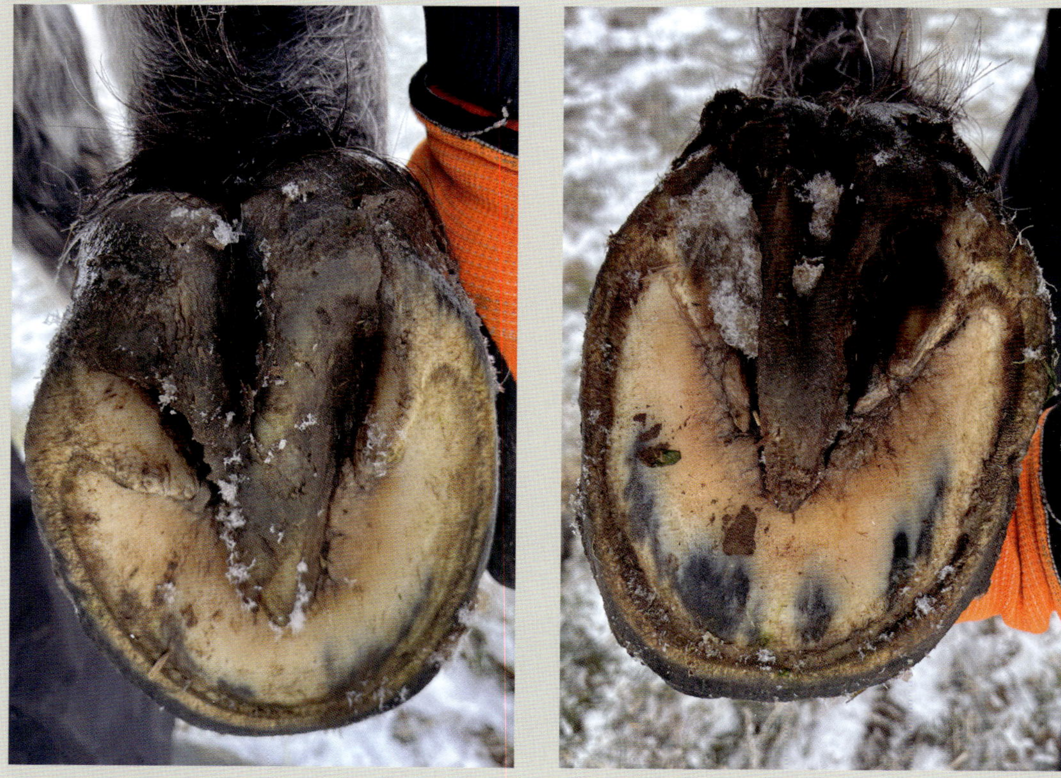

Der Vorderhuf (links) ist von unten betrachtet runder geformt, der Hinterhuf (rechts) spitzer. Das ist ein Ergebnis der unterschiedlichen Trag- bzw. Schubkräfte.

Die Hufballen liegen beidseitig auf einer Höhe, die Hufknorpel sind weich und zeigen auf beiden Seiten des Fesselbeins gleich hoch und im gleichen Winkel aus der Hornkapsel heraus.

Einen guten Hinterhuf erkennt man wie folgt:

Funktion bestimmt Gestalt, daher ist der Hinterhuf spitzrund, weil diese Form ideal für die Schubentwicklung nach vorne geeignet ist. Daraus ergibt sich eine etwas steiler verlaufende Seitenwand als beim Vorderhuf gewünscht. Legten wir einen Vorderhuf und einen umgedrehten Hinterhuf übereinander, so sollte sich eine Eiform ergeben. Die weitesten Stellen wären identisch weit.

Von der Seite betrachtet ist der Hinterhuf ein wenig stumpfer als der Vorderhuf und die Zehenwand hat nur die doppelte Länge der Trachtenwand. Die Wünsche an die Beschaffenheit von Horn, weißer Linie

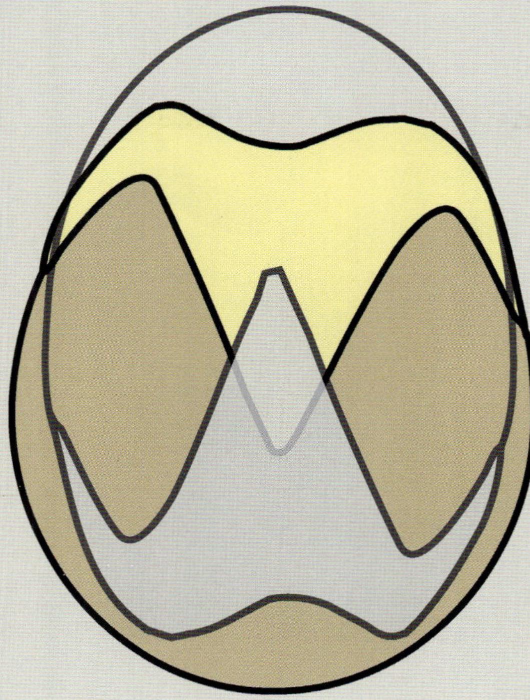

Vorder- und Hinterhuf bilden eine Eiform, wenn man sie umgekehrt aufeinander legt.

und Strahl sind dagegen gleich wie beim Vorderhuf.

Häufige und unerwünschte Abweichungen von dieser Beschreibung sind:

- Zusammenhangstrennung im Wandhorn
- Untergeschobene Trachten, die Trachtenwand verläuft spitzer als die Zehenwand
- Keine zusammenhängende weiße Linie, sondern fehlende Hornstücke und Schwarzfärbungen (Fäulnis und/oder Zugkräfte durch verbogene Wände)
- Verbogen verlaufende Hornwände (Fehlbelastung)
- Fäulnis am Strahl (mangelnde Hygiene oder schlecht geformte Hornkapsel)
- Aufgestauchte Ballen (Fehlbelastung)
- Ausgebrochene Stellen am Hufhorn (Stoffwechselstörung/mangelnde Pflege/Bearbeitungsfehler)
- Deformierte Hornkapseln (krankhaft/Hufbeschlagfehler/angeboren)

Was brauche ich denn nun alles?

3. Welches Werkzeug brauchen Sie?

So, nun ist die Bestandsaufnahme erledigt. Wir wissen, was an den Hufen des Pferdes zu machen ist und können eigentlich loslegen. Hufe wieder schön machen. Aber stopp, zuerst muss das Werkzeug angeschaut werden. Was brauchen wir alles?

3.1. Persönliche Schutzausrüstung und der Arbeitsplatz

Fangen wir mal mit den einfachen Sachen an. Wir brauchen eine Schutzausrüstung. Wozu? Mehrere Dinge können passieren: Wir könnten mit dem Messer ausgleiten oder uns mit der Raspel verletzen. Es wäre möglich, dass das Pferd das Bein wegzieht. All diese Geschichten können durch persönliche Schutzausrüstung in ihrer Auswirkung und ihrer Gefahr verringert werden. Sicherheitsschuhe mit Stahlkappen sind obligatorisch. Eine Lederschürze wäre wünschenswert, sie ist ja auch gar nicht so furchtbar teuer, allerdings verzichtbar. Ein paar ordentliche, kräftige Lederchaps, wie sie jeder Westernreiter sicherlich sowieso im Schrank hängen hat, sollten ausreichen. Sparen Sie nicht an den 60 oder 70 Euro, die im Zweifel für die Lederchaps oder die Lederschürze aufzuwenden sind. Sie ärgern sich sehr, wenn aus irgendeinem Grund die 150 Euro teure Reithose zerstört ist. Das passiert mit der Schutzausrüstung nicht. Von Ihrem Bein wollen wir gar nicht sprechen.

Ferner brauchen Sie ein paar Schutzhandschuhe. Es gibt solche, die ausreichend rutschhemmend sind, damit das Werkzeug sicher in der Hand liegt. Aber mindestens

Sicherheitsschuhe und Handschuhe sind für die Arbeit am Huf obligatorisch, die Lederschürze oder ersatzweise Chaps sind ebenfalls sinnvoll.

ebenso sinnvoll sind Schutzhandschuhe mit sogenannter Schnittschutzfunktion, die Ihnen als Anfänger sicherlich besonders anzuraten sind (übrigens auch den meisten Profis).

Bitte tun Sie sich einen Gefallen und seien Sie bei der Arbeit am Huf nicht eitel. Schmuck wie Fingerringe, Armreife oder Halsketten könnte nicht nur kaputtgehen, sondern sogar ein Sicherheitsrisiko für Sie sein. Im schlechtesten Fall verlieren Sie nicht nur Ihren Ring, sondern auch den dazugehörigen Finger.

Offen getragene Haare sehen toll aus und beeindrucken jeden, sind aber bei der Arbeit am Pferd vollkommen deplatziert. Ich könnte mir Hunderte Missgeschicke vorstellen, bei denen Ihre offen getragenen Haare verbrennen, zusammenkleben oder Sie Ihren Skalp verlieren könnten, und das sogar ohne die Anwesenheit von Sitting Bull. Flatternde, weite Kleidung und offene Jacken oder Westen sind ebenfalls ein No-Go aus dem Sicherheitsaspekt. Körpernah anliegend und geschlossen ist angesagt (Erdtöne haben hier übrigens auch etwas für sich sich).
Etwas mehr Aufmerksamkeit sollten Sie auch Ihrem Arbeitsplatz schenken. Sie sind bei der Hufbearbeitung länger beschäftigt als beim Putzen oder Satteln, entsprechend sollte die Sicherheit für Sie und Ihr Pferd an Bedeutung steigen. Der Platz für die Hufbearbeitung sollte ausreichend groß sein. Je nach Größe Ihrer Pferde wären etwa 20 bis 25 Quadratmeter angemessen. Sorgen Sie dafür, dass nichts herumliegt, was zur Gefahrenquelle werden kann, weil sich Ihr Pferd bewegt, losreißt oder wegrennt. Im eigenen Interesse sollten Sie absolut alles, was nicht wirklich nötig ist, im Umkreis Ihres Arbeitsplatzes wegräumen, auch wenn Sie jetzt vielleicht denken, dass Ihr Pferd da sowieso nicht drankommt. Manchmal kann man sich gar nicht vorstellen, wie dumm es kommen kann.
Schauen Sie, dass der Platz genug Licht hat, der Strom, den Sie eventuell brauchen, nicht im Gefahrenbereich des Pferdes ist und der Untergrund sauber, rutschfest und eben ist. Betonboden oder grober Estrich könnte mit einem rutschfesten Gummibelag verbessert werden.
Der Platz muss ausreichend gut beleuchtet sein. Im Dunkeln ist eventuell gut munkeln, aber eben nicht gut raspeln.
Entweder haben Sie eine stabile und sichere Anbindemöglichkeit für Ihr Pferd oder aber es ist immer eine Hilfsperson zugegen, die Ihr Pferd festhält. Übrigens ist auch dann, wenn Sie Ihr Pferd anbinden, ist ein Helfer für die Hufbearbeitung Bedingung – wir kommen noch darauf zurück.
Ein Dach als Regenschutz wäre toll, ist aber sicher keine Bedingung. Sie können die Arbeit durchaus auf schöne Tage verlegen.

3.2. Werkzeug zur Barhufbearbeitung

3.2.1. Die Hufraspel

Sie brauchen eine gute Raspel. Eine Möglichkeit wäre, den Hufbearbeiter beim nächsten Termin zu fragen, ob er Ihnen eine gebrauchte Raspel für kleines Geld überlassen möchte. Das ist sicherlich eine Option. Einfacher und auch solider wäre es, Sie schauen im Internet bei einem Hufbeschlaghändler und kaufen dort eine neue Raspel und einen Raspelgriff. Diese Investition beläuft sich vielleicht auf 30 bis 40 Euro, aber sie lohnt sich. Fragen Sie beim Hufbeschlaghändler nach einer Raspel, die für die ungeübte Hand geeignet ist, das heißt dass sie bei der Nutzung nicht allzu sehr rattert. Rattern ist ein unangenehmes Vibrieren der Raspel, wenn sie noch sehr scharf ist. Aber Ihr Hufbeschlaghändler wird Ihnen da Geeignetes empfehlen können.
Ich kann mir schon gut vorstellen, dass Sie als Reiter beim Einkauf einer neuen Raspel

ein wenig überfordert sein könnten. Sie werden denken, oh je, die billigste kaufe ich besser nicht, aber die ganz teure muss es sicher auch nicht sein. Am besten fahren Sie mit einer Raspel, die von einem namhaften Hersteller produziert wurde. Ich brauche hier keine Namen zu nennen, denn die namhaften Hersteller geben ihre Raspeln in Verpackungen ab, die einen Firmennamen als Aufschrift trägt. No-Name-Produkte, wie sie im Reitsporthandel oder häufig im Internet angeboten werden, stammen häufig aus Pakistan, Indien oder China und genügen Ihren Ansprüchen für die hier anstehende Aufgaben sicher nicht. Diese Raspeln sind tauglich, wenn Sie eine ausgebrochene Ecke am Huf verschönern wollen, sind aber ansonsten nicht so toll. Ihre Raspel ist gut geeignet, wenn sie eine Länge von 350 Millimetern hat. Die Breite ist Geschmacksache, allerdings reicht das Standardmaß hier völlig.

Verschiedene Raspeln mit und ohne Angel bzw. Griff. Achtung: Die nackte Angel darf niemals ohne Griff verwendet werden!

Kaufen Sie eine Raspel mit einer Angel. Die Angel ist der Aufnahmepunkt für einen Raspelgriff. Diesen dürfen Sie getrennt von der Raspel dazu erwerben. Zur Freude vieler kann man den Raspelgriff in den unterschiedlichsten Farben bekommen, sogar in Rosa. Ich finde die schraubbaren Griffe am besten. Sie kann man, wenn die Raspel stumpf geworden ist, abschrauben und für die nächste Raspel wieder benutzen. Die Raspel besitzt eine scharfe und eine feine Seite. Die scharfe Seite der Raspel ist für den groben Abtrag von Hufhorn, die feine Seite für das Abtragen von Horn und die Herstellung einer glatten Oberfläche. Wer etwas mehr Geld investieren möchte, kann sich auch anstatt einer Raspel, die in der Preisklasse zwischen circa 30 und 40 Euro liegt, einen Hufhobel kaufen. Der Hufhobel ist sehr abriebstark, kann bei Bedarf sehr glatte Flächen erzeugen und, für den einen oder anderen vielleicht auch interessant, kann nachgearbeitet werden und ist daher vielleicht länger für Sie nutzbar.

Raspeln und Hufhobel müssen gepflegt werden, sonst haben Sie nicht sehr lange Freude daran. Raspeln verlieren ihre Schärfe sehr schnell, wenn Sie den Huf vor der Nutzung nicht gut reinigen. Steine und Sand verkürzen die Lebenszeit der Raspel auf ein Minimum. Gleiches gilt für Regen oder andere Feuchtigkeit. Der Stahl der Raspel rostet. Wenn Sie die im Regen nass gewordene Raspel nass in die Werkzeugkiste legen, ist sie am nächsten Morgen schon rostig. Da Sie Ihre Raspel aber vermutlich nicht jeden Tag verwenden, wird sie beim nächsten Einsatz schon wie ein altes Ding wirken, das ausgetauscht gehört. Vor dem Wegräumen sollten Sie die Raspel also gut von Dreck und Mist befreien und trocknen. Das Einsprühen des gesamten Werkzeugs vor der Arbeit und nach der Reinigung mit Ballistol hat sich als Pflegemaßnahme bestens bewährt.

TIPP

Werden Raspeln vor der Arbeit mit Ballistol eingesprüht, verstopfen sie weniger und bleiben länger scharf und einsatzfähig.

3.2.2. Das Hufmesser

Nehmen Sie ein Messer mit einer kurzen und dünnen Schneide. Sie werden sich damit weniger quälen und die Ergebnisse werden besser und ansehnlicher sein. Und die ungeübte Hand muss ja am Anfang wirklich genau das mit dem Messer ausführen, was der Kopf auch plant. Das ist mit einem kurzen und sehr schmalen Klingchen einfacher als mit einer großen breiten Klinge, die wirklich eine kräftige und geübte Hand braucht.

Das richtige Hufmesser gibt es nicht. Wohl aber eins, das zu Ihrer Handgeometrie passt. Es ist daher besser, wenn Sie Ihr Messer beim Fachhändler kaufen und es dort anfassen und begreifen können. Sie müssen Ihre Kraft aus dem Arm in die Schneide des Messers übertragen. Das Messer muss fest in Ihrer Hand liegen, sonst wird es kaum gelingen, Ihre Idee der Arbeit genauso in der Praxis umzusetzen.

Der Messergriff muss wie ein Handschmeichler auf der geschlossenen Handfläche ruhen. Ich kaufe seit Jahren immer Messer der gleichen Firma, das gleiche Modell, das mir in der Schneide sehr gut gefällt, aber einen für mich viel zu kantigen Griff hat. Zumindest liegen die Kanten bei meiner Hand an den falschen Stellen. Das bedeutet, dass ich mit Schmirgelpapier den Messergriff vor dem ersten Einsatz passend präpariere. Nach dem Schmirgeln wird das Holz des Griffs mit Leinöl versiegelt – fertig für den Einsatz. Das müssen Sie sicher nicht, aber Sie müssen eben einige Exemplare anfassen, um das Gefühl dafür zu bekommen, welcher Griff für Sie angenehm ist.

Die Stelle, an der das Messer in Ihrer Hand ruhig liegt, ist nun gefunden und Sie erkennen, dass der Messergriff an der Daumenseite ein wenig über das Ende der Hand hinausragt. Auch diese Position ist wichtig, denn nun müssen Sie Ihren Daumen auf die untere Kante auflegen (das ist die Kante,

Hufmesser: Je länger die Klinge, desto größer der Hebel und desto mehr Kraft brauchen Sie.

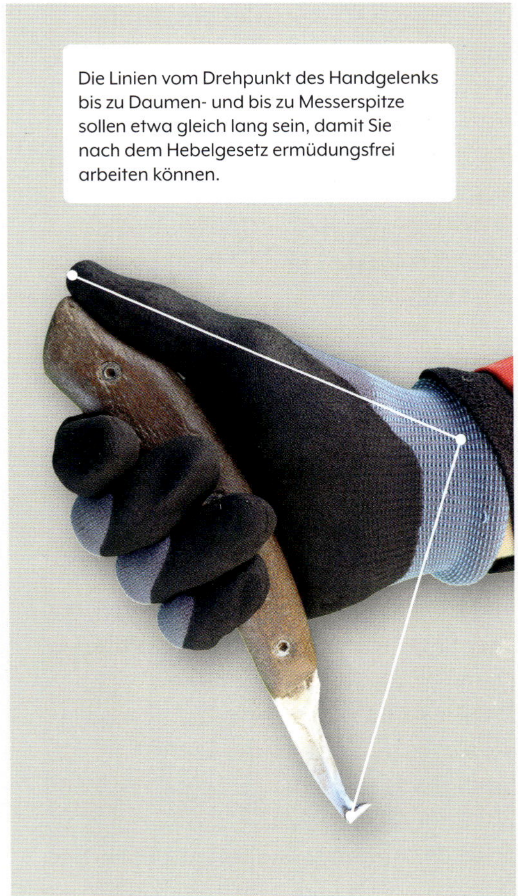

Die richtige Haltung des Messers: Daumen auf der Unterseite des Messergriffs, Handrücken von Ihnen wegzeigend.

auf deren Seite auch die scharfe Seite des Messers ist). Halten Sie Ihre Hand nun so, dass der Handrücken von Ihnen wegzeigt und Sie Ihre Finger sehen, die den Messergriff umschließen. Der Daumen ruht auf dem Messergriff. Das Maß von der Mitte Ihres Handgelenks in Richtung zum Daumen gemessen gibt Ihnen an, wie lang die Messerschneide für Ihre Hand sein darf.

Stimmen die Maße genau überein, können Sie mit der Armbewegung Kraft auf die Messerschneide bringen, ohne dass das Handgelenk rotiert. Der aufliegende Daumen stellt den gleichen Hebelarm dar wie die Schneide auf der anderen Seite und es fallen keine Rotationskräfte an, die auf Ihr Handgelenk wirken. Es hört sich banal an, aber stimmt hier die Geometrie nicht und durch Ihren Krafteinsatz auf die Schneide dreht Ihr Handgelenk ein klein wenig, so kippt das Messer mit der vorderen Spitze nach vorne. Nehmen wir einmal an, dass Sie gerade den Strahl schneiden möchten. In dem Moment, wenn die Schneide diese kleine Kippbewegung erfährt, wird die Länge der Schneide, die am Strahlhorn im Schneideinsatz ist, größer. Ihre aufzuwendende Kraft steigt, und durch den größeren Krafteinsatz kippt das Messer weiter.

Hufmesser bekommen Sie in der Preisspanne von wenigen Euro bis zu einigen hundert Euro. Der Preis ergibt sich dabei aus der Qualität, aber auch aus dem Image und dem Marketing einzelner Firmen, die allerdings in erster Linie die Profis ansprechen.
Der Preis für Hufmesser in der Kategorie, die für Sie interessant ist, richtet sich geringfügig nach der Auswahl des Materials für den Messergriff, hauptsächlich aber nach der Auswahl und Verarbeitung des Stahls für die Klinge. Um es vorwegzunehmen; wenn Sie sich ein gutes und für Sie brauchbares Messer anschaffen wollen, liegt Ihre Investition in der Region zwischen 35 und 60 Euro. Hufmesser, die deutlich weniger kosten, können wunderbar und sehr professionell aussehen, sind aber meist durch den verwendeten Stahl höchstens zum Ausräumen der Hufe tauglich.

Guter Stahl kann sehr scharf geschliffen werden (scharf bedeutet, dass die Schneide ganz vorne an der Kante sehr dünn ist), was bei einem schlechten Stahl nicht sehr gut klappt. Ein billiges Messer bekommen Sie nicht richtig scharf. Die Schneide eines Messers, bei dem ein guter Stahl verwendet wurde, hat ein exzellente Standzeit – bedeutet, dass sie über lange Zeit gleich scharf bleibt. Der Unterschied kann enorm sein. Es gibt erträglich gute Messer, deren Standzeit für die Bearbeitung von zwei Hufen reicht, exzellente Messer können bei gleicher Art und Weise der Benutzung aber gut 20 Hufbearbeitungen aushalten, ohne erneut geschliffen werden zu müssen. In der Preisklasse um die 40 Euro werden Sie ein für Ihre Hand passendes Messer finden, das eine Standzeit von vier Hufen bis zum erneuten Schleifen erreichen kann.
Die oben beschriebene Grundposition des Messers in Ihrer Hand ist für alle Schneidbewegungen tauglich, die zu Ihnen hinführen.

Ferner brauchen Sie Werkzeug, um Ihr Hufmesser instand zu halten, namentlich einen Ölstein. So heißt das Wetzsteinchen, das mit Nähmaschinenöl dazu genutzt werden kann, das Messer scharf zu halten. Es gibt viele weitere Möglichkeiten, das zu

FILM ▸▸▸

Messer schärfen

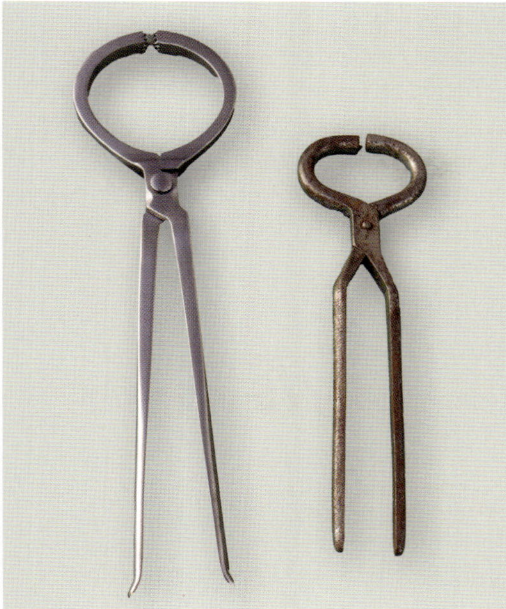

Untersuchungszangen immer vorsichtig anwenden: Je länger die Griffe, desto höher der ausgeübte Druck auf die Hufsohle!

tun, aber hier haben wir eine sehr günstige und sehr praktikable Möglichkeit, ein Messer scharf zu bekommen.

3.2.3. Die Untersuchungszange

Eine Hufuntersuchungszange ist ein nützliches und kostengünstiges Utensil, um die Hufsohle auf ihre Stärke beziehungsweise Empfindlichkeit testen zu können, weil unser normaler Fingerdruck dazu nicht immer ausreicht. Mehr dazu auf S. 50.

3.2.4. Der Hufbock

Last but not least ist ein Hufbock notwendig. Er wird eine kleine Investition für Sie bedeuten, ist aber unbedingt notwendig. Sie müssen einen Hufbock haben, verstellbar in der Höhe muss er nicht sein. Ich empfehle dies aber. Sie können natürlich einwenden: »Ich habe ja nur ein Pferd, dessen Huf ich bearbeiten möchte«. Aber ich wende dagegen ein: »Das Pferd hat nicht jeden Tag die gleiche Elastizität, und es wird älter werden.« Das heißt, ein in der Höhe verstellbarer Hufbock wird nützlich sein. Die Grundeinstellung des Hufbocks soll so sein, dass die Stellfläche für den Huf ungefähr auf Höhe der Unterkante des Karpalgelenks (Vorderbein) bzw. der Unterkante des Sprunggelenks (Hinterbein) liegen soll.

Für die hinteren Beine empfiehlt es sich dringend, einen Hufbock zu wählen, der

Der Hufbock sollte höhenverstellbar sein, in der Größe zum Pferd passen und keine Stolperfalle darstellen (keine Dreibeine!). Eine (abnehmbare) Auflageschale (oben und unten links) ist nützlich.

eine sogenannte Auflageschale hat. Diese Auflageschale ist nützlich, weil das Bein, übrigens auch das Vorderbein, grundsätzlich eigentlich in diese Schale abgelegt werden kann. Die Pferde haben dort eine sehr stabile und solide Möglichkeit, die Arbeit zu ertragen. Sie müssen davon ausgehen, dass anders als bei dem professionellen Hufbearbeiter, der vielleicht mit den vier Füßen nach 20 Minuten schon fertig sein wird, Sie vielleicht einen kleinen Zuschlag von einigen Minuten mehr brauchen. Entsprechend sollte das Werkzeug professionell und gut sein.

Sie haben jetzt Ihr Messer gerichtet, die Raspel ist scharf, der Bock liegt an der richtigen Stelle. Auf einen Nipper, also auf eine Zange, mit der Sie den Huf schneiden können, sollten Sie verzichten. Nun holen Sie noch Ihren Hufausräumer aus der Putzkiste und fertig sind Sie für die Arbeit an den Pferdehufen.

3.3. Werkzeug für die Pannenhilfe am beschlagenen Pferd

Für das Nachnageln loser Nägel oder Abnehmen eines Eisens (siehe Kapitel 9) brauchen Sie weiteres Werkzeug: einen Hammer, mit dem Sie die Nägel eintreiben oder befestigen können, des Weiteren eine Zange, mit der Sie die Nägel abkneifen können, wenn Sie einen neuen eingeschlagen haben, und einen Clincher. Ein Clincher, auch »Krokodilzange« genannt, dient dazu, den aus der Wand ausgetretenen Nagel nach dem Abzwacken der Spitze nach unten umzubiegen und in das mit der Nietklinge geschaffene Nagelbett zu drücken. Man nennt das »Vernieten«. Man kann auch mit Hammer und Beschlagzange vernieten, aber das muss ein Hufschmiedeneuling schon lange üben, bis er es gut kann – für einen Laien ist diese Technik nichts.

Sollte ein Nagel entfernt werden müssen, ist eine Nietklinge sinnvoll und nötig. Diese kann auch ein alter, umgebauter Meißel sein. Ein Eisen, welches krumm ist, muss abgenommen werden, entsprechend ist

Gut sortiertes »Pannenhilfe-Werkzeug« von links nach rechts: Untersuchungszange, Hufzirkel (kann), Clincher, Hufbeschlagzange (zum Abzwicken der Nägel), Abnehmzange, Nagelziehzange, Hufschneidezange (Nipper), Beschlaghammer, Wetzstahl, Hufraspel, Nietklinge und Unterhauer.

eine Abnehmzange von großem Vorteil. Sollten Sie einen neuen Nagel setzen, was Ihnen nach einiger Übung sicherlich gelingen wird, brauchen Sie zwingend eine Nietklinge, mit der Sie das Nietbett für die Auflage des abgezwickten Nagels schaffen können. All diese Werkzeuge bekommen Sie im Set für recht günstiges Geld beim Hufbeschlaggroßhändler. Kaufen Sie besser im Fachhandel und nicht im Onlinehandel. Dort ist viel Werkzeug erhältlich, das oftmals aus pakistanischer oder indischer Produktion stammt. Leider ist dieses Werkzeug manchmal vollkommen untauglich. Selbst ein geübter Profi tut sich mit dieser oftmals überschaubaren Qualität schwer. Besonders mit einem minderwertigen Clincher werden Sie als Ungeübter verzweifeln.

Hinweis

Warum kein billiger Hammer aus der Werkzeugkiste? Der Beschlaghammer ist anders eingestellt, nämlich so, dass der Winkel der Hammerbahn für die rechtwinkligen Hufnägel geeignet ist.

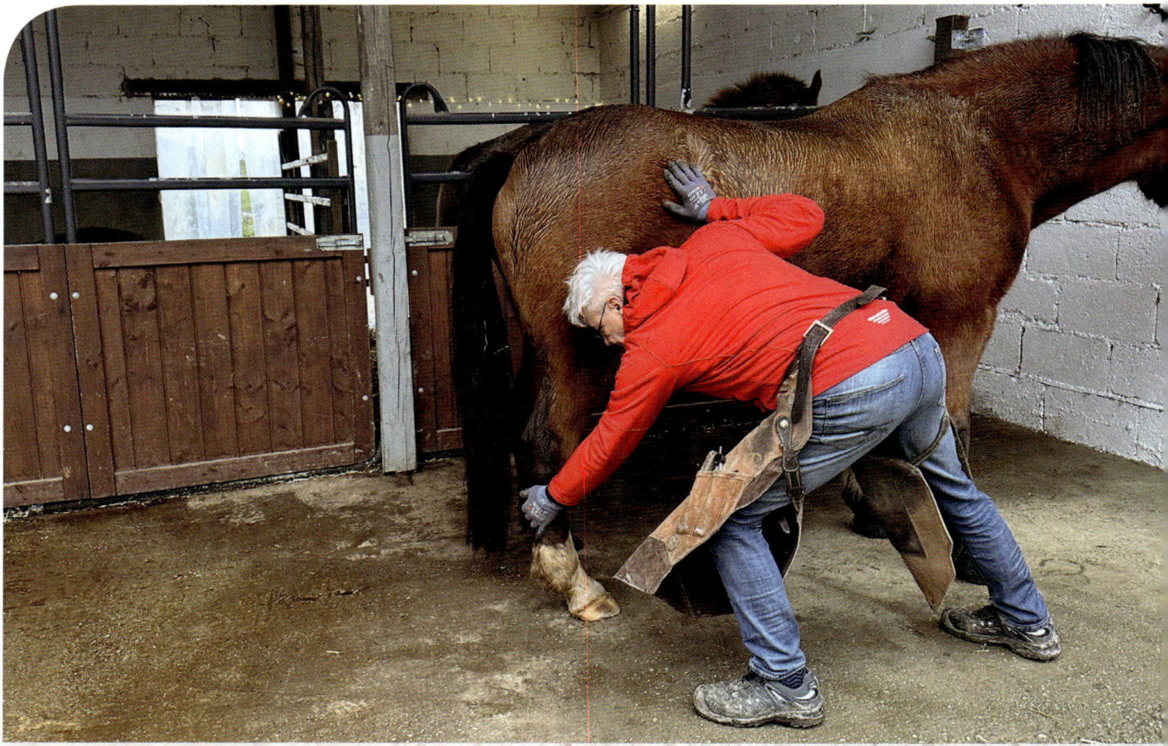

4. Umgang mit dem Pferd bei der Hufbearbeitung

Beginnen wir mit dem Anbinden. Besser ist es sicherlich, das Pferd festzuhalten. Man sollte sich daran erinnern, dass Anbinden im Grunde die erste Form der Zwangsmaßnahme ist. Wir arbeiten eigentlich, wenn wir an den Hufen arbeiten, in einem ganz sensiblen Bereich. Das Pferd muss sein Bein hergeben, und das ist für ein Fluchttier eigentlich eine katastrophal schwierige Situation. Es ist seiner Möglichkeit zu flüchten beraubt und muss uns in einem tiefen Vertrauensverhältnis zugeneigt sein, sonst wird es das überhaupt gar nicht machen. Von daher versuchen wir in erster Linie das Motto zu befolgen: **Wir arbeiten nicht am Pferd, sondern mit dem Pferd.** Das gilt für jede Maßnahme, vor allem aber Manipulationen an den Beinen und umso mehr, wenn ich das Pferd anbinde. Ich muss immer damit rechnen, dass sich das Pferd in einer schwierigen Situation dem Anbinden entziehen möchte. Von daher ist ein Helfer, der am Kopf steht, das Pferd beruhigt, einwirkt und das Pferd natürlich kennen muss, eine tolle Bedingung, um die Sache einfach zu gestalten.

Wir beginnen mit den Vorderbeinen. Hier werden sogar bei den täglichen Routinearbeiten wie dem Hufeauskratzen oftmals schon Fehler gemacht. So wird das Pferd häufig »überfallen«, das heißt auf das Kommende nicht vorbereitet. Oder es wird lange gestreichelt, was es wiederum eher verunsichert. Ein gezieltes Mitteilen »Ich möchte gerne an dein Bein gehen« ist sicherlich die effektivste Möglichkeit. Das Anfassen des Beins sollte bei einem Pferd, das daran gewöhnt ist, ausreichen, um den Impuls auszulösen, das Bein herzugeben. In manchen Fällen unterstütze ich mit einem leichten Druck (ich betone: **leichten** Druck) im Bereich des Fesselträgers und das Pferd gibt das Bein her.

FILM ▸▸▸

Aufheben und Halten von Vorder- und Hinterbein, verschiedene Varianten

Für die Bearbeitung selbst sehe ich zwei Möglichkeiten. Was ich aus Sicherheitsgründen ablehne, ist das Knien neben dem Pferd. Sicherlich ist es besser, entweder auf den Hufbock zu vertrauen und das Bein darauf abzulegen oder das Pferdebein selber zwischen die Beine zu nehmen. Dies ist eine sinnvolle Maßnahme, weil Sie gleichzeitig über die Körperbalance Ihres Pferdes informiert sind und über seine Fähigkeit, sein Bein seitlich in die sogenannte Abduktion zu führen. Probleme in der Bewegung und damit auch Probleme an den Füßen können sich oft daran zeigen, dass Körperbalance und freie Beweglichkeit der Beine eingeschränkt sind.

Wenn Sie die Beine loslassen, dann lassen Sie sie nicht einfach auf den Boden plumpsen. Manche Pferde sind da sehr vertrauenswürdig und nahezu schockiert, wenn man sie nicht mit dem nötigen Feingefühl

Den Vorderhuf zwischen die Beine zu nehmen hat den Vorteil, dass man Spannungen und Bewegungen des Pferdes früher bemerkt.

Alternativ legen Sie den Huf auf die Schale des Hufbocks – dies muss man je nach Pferd ein wenig üben.

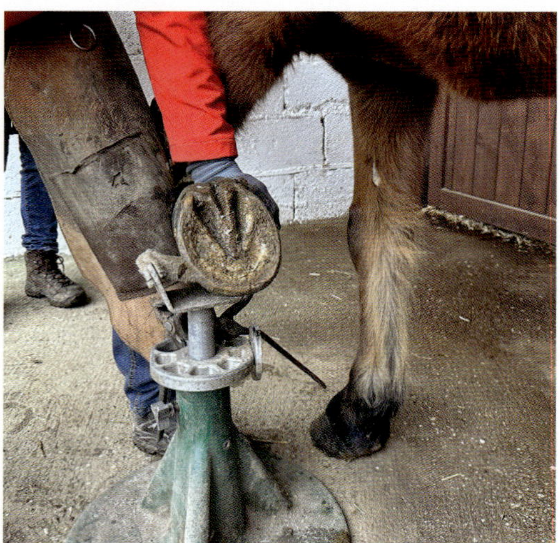

behandelt. Ihre Reaktion auf das ruppige Loslassen des Hufs ist dann eventuell ein Misstrauen und der Unwille, Ihnen das Bein erneut anzuvertrauen. Man kann das Abstellen sehr geschickt machen. Entweder lässt man das Pferdebein an seinem eigenen Bein heruntergleiten, damit es sanft auf den Boden kommt. Oder man nimmt es wirklich in die Hand und lässt es dann ganz ruhig auf dem Boden ab. Das Abgleiten auf dem Boden ist der für uns selber weniger anstrengende Weg und daher zu bevorzugen. Trotz allem sollte man sich darüber im Klaren sein, dass man ständig auf die Reaktion des Pferdes reagieren können muss, das heißt im Zweifelsfall muss man sich schnell vom Pferd entfernen können. Für jemanden, der körperlich eingeschränkt ist, ist es folglich keine so gute Idee, die Hufe zu bearbeiten, wenn das Pferd nicht uneingeschränkt dem Menschen zugewandt und rücksichtsvoll ist.
Das Bein auf den Bock nach vorne zu nehmen, sollten wir nicht aus unserem Kreuz oder aus den Armen tun, sondern wir sollten das Bein mit unseren Beinen vorschieben. Dabei ist es ein wichtiger Aspekt darauf zu achten, wo das Pferdebein Ihre Arme oder Ihr Bein hinlenkt. Man kann dabei das Pferd nicht zwingen, zum Beispiel nach außen oder innen das Bein nach vorne zu geben und dann auf dem Bock abzusetzen. Verfolgen Sie stattdessen die Muskelbewegung und schauen, wo das Pferd Sie hinleitet. Das gibt Ihnen im Zweifel auch einen guten Anhaltspunkt, ob Sie irgendwo verspannte Muskulatur im Schulter- und Brustbereich des Pferdes erkennen können.

Auch vor und während der Arbeit auf dem Bock sowie beim Absetzen des Beins vom Bock ist mit gewissen Gefahrensituationen zu rechnen. Daher sollte sich der Helfer ebenfalls immer außerhalb des Gefahrenbereichs bewegen und Ihnen trotz der Arbeiten auf dem Bock ausreichend Raum geben, damit Sie Ihre Arbeit ausführen können. Übrigens: Wenn es auch für viele erstaunlich klingt – die Arbeit am hinteren Bein ist sowohl für das Pferd als auch für den Mensch einfacher. Wichtig ist hierbei das richtige Aufnehmen. Wenn Sie neben dem linken Hinterbein stehen, fassen Sie mit der linken Hand den Pferdekörper an und mit der rechten Hand das linke Hinterbein an der hinteren Röhre und heben es nach vorne unter den Bauch. Erst wenn das Pferd sich stabilisiert und ausbalanciert hat, gehen Sie mit Ihrem linken Knie an das Pferdebein und drücken es nach hinten heraus auf den Hufbock. Dort kommt das Bein in der Schale zum Liegen.
Die Höhe des Hufbocks sollte auf Unterkante des Sprunggelenks eingestellt sein. Die Position des Hufbocks wähle ich normalerweise in dem Bereich, in dem das Sprunggelenk sich normalerweise auch bewegt oder nur kurz dahinter. Nur über Probieren nehme ich den Bock dann weiter nach hinten heraus, aber auch hier wieder sehr einfühlsam und sensibel nach obigem Motto: **Wir arbeiten nicht am Pferd, sondern mit dem Pferd.**

Wenn Sie den Hinterhuf herablassen, dann tun Sie das, nachdem Sie den Fuß aus der Schale genommen haben, indem Sie ihn wieder an der Innenseite Ihres Ober-

Hinten legen Sie den Huf entweder in die Aufnahmeschale des Bocks …

… oder arbeiten mit Helfer, der sich wie hier gezeigt korrekt positionieren muss: Breiter Stand, Rücken möglichst gerade, Arme gestreckt, Daumen in die Fesselbeuge. Das Sprunggelenk des Pferdes kommt je nach Pferdegröße knapp hinter der Achselhöhle des Helfers zu liegen.

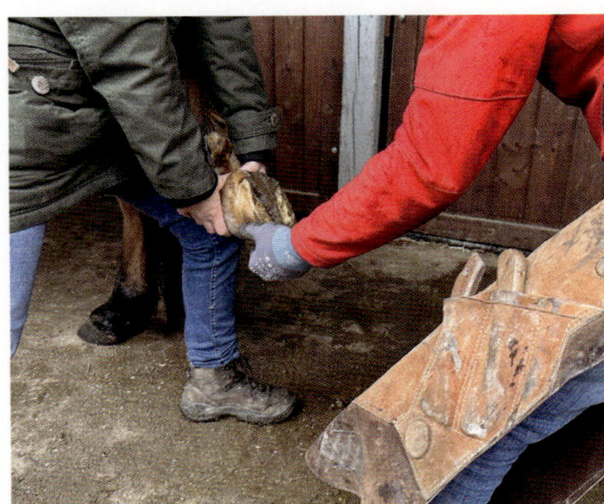

schenkels nach unten abgleiten lassen. Wenn Sie den Hinterhuf nicht nach hinten herausnehmen, sondern nach vorn unter den Bauch auf den Bock stellen möchten, zum Beispiel um den Tragrand von außen zu beraspeln, nehmen Sie auch hier das Bein in der eben schon gezeigten Art und Weise. Sie ziehen es nach vorne unter den Bauch und positionieren es auf dem Bock. Der Bock muss hier deutlich tiefer eingestellt werden.

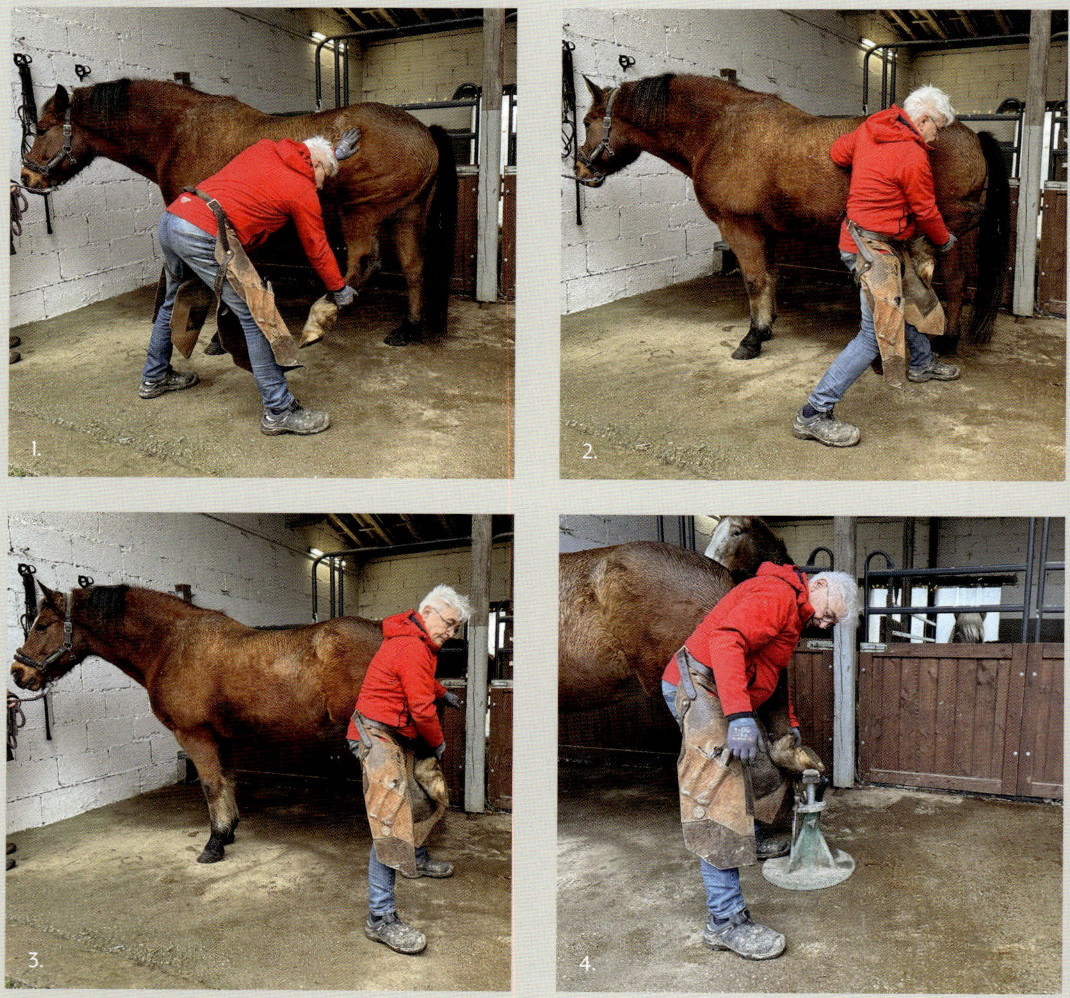

Beim Aufheben des Hinterbeins nehmen Sie das Bein wie hier gezeigt neben dem Pferd stehend zuerst nach vorn … warten, bis sich das Pferd ausbalanciert hat. Unterstützen Sie das Bein mit Ihrem Knie/Oberschenkel und »schieben« Sie es nach hinten. Legen Sie es auf dem Hufbock ab.

Das richtige Maß für die Bockhöhe ist vorne die Unterkante des Karpalgelenks, hinten ist es die Unterkante des Sprunggelenks. Bei Arthrosepferden kann das Wohlfühlmaß abweichen.

Meistens ist es den Pferden sehr unangenehm, wenn der Bock zu hoch ist. »Unangenehm« bedeutet immer sofort, dass man Widersetzlichkeit provoziert, die wir hier sicher gar nicht gebrauchen können. Viele Situationen, wenn der Hufbearbeiter oder der Hufschmied kommt, eskalieren auch nur deshalb, weil die Sequenzen dem Pferd zu lang sind. Manchmal werden dabei Haltungen vom Pferd verlangt, die die arthrotisch veränderten Gelenke nicht mehr in dieser Form zulassen und schon gar nicht in dieser Dauer. Hier können Sie als Besitzer und Kenner mit sehr viel Sensibilität und natürlich ein wenig mehr Zeiteinsatz Ihr Pferd zu Ihrem wirklichen Freund machen, denn ich kann Ihnen garantieren: Pferde erkennen und respektieren Ihr Bemühen und werden das auch spiegeln!

FILM ▶▶▶

Bockhöhe einstellen

5. Es geht los: Die praktische Hufbearbeitung

Zu Beginn möchte ich darauf hinweisen, dass im Folgenden wichtige Hinweise für die Hufbearbeitung gegeben werden, die der Reiter selber durchführen kann. Trotz allem kann und will diese Anleitung keinen Ersatz für eine Ausbildung darstellen und wird weder dazu berechtigen noch befähigen. Es ist vielmehr ein Nachschlagewerk für alle, die einen zielführenden und kompetenten Hufkurs besuchen möchten oder besucht haben und nun weitere Sicherheit, Erinnerung und Anleitung brauchen.

Auch beziehen sich alle Bearbeitungstipps auf gute, gesunde und im Grunde unproblematische Hufe (siehe Seite 22, Aussehen des guten Hufs). Auf die Korrektur von problematischen oder gar pathologischen Hufen kann und möchte ich in diesem Rahmen nicht eingehen.

Wir schauen immer die Pferde vor der Bearbeitung in der Bewegung und im Stand an. Dabei soll es uns hier nicht um akademisches Wissen gehen, sondern nur um das, was für unsere Hufbearbeitung nötig ist und uns quasi Handlungsanweisungen liefert. Über das spannende Thema Pferdebeurteilung und seine Beziehungen zur Gesundheit und Leistungsfähigkeit können Sie anderswo ausführlich nachlesen.

Die Beine können gerade sein oder es könnte Fehlstellungen geben. Eines oder mehrere der Gelenke könnte entweder eine Knickung zeigen, verdreht sein oder axial verschoben, das Bein könnte von der Seite gerade, es könnte vorständig, rückständig oder rückbiegig sein. All dieses Wissen wäre für die heute gezeigte Hufbearbeitung aber irrelevant. Sie müssen an dieser Stelle nur die Stellung zum Fesselstand genau betrachten und bei Abweichungen vom Regelmäßigen korrigieren. Außerdem werden wir uns an den sogenannten Stresspunkten zur Kürzung des Hufs orientieren, worauf wir gleich genauer eingehen werden.

Warum können Sie so vorgehen? Sehr einfach: Hufbearbeiter lernen in vielen Schulen, dass der Huf nach der Bewegung oder der Fußung gekürzt werden soll. Zeigt etwa die Zehe in der Bewegung nach außen, wird an der Außenwand gekürzt, zeigt der Huf nach innen, wird die Innenwand kürzer geschnitten. Dieses Verfahren ist es aber, das in so vielen Fällen die verspannten, asymmetrischen und in schlechtem Zustand befindlichen Hornkapseln produziert, die wir so oft sehen. Ein ausbalancierter Huf hingegen, wie er durch die weiter unten gezeigte korrekte Bearbeitung entstehen wird, wird die Form der Fußung zeigen, die zum Pferd passt und die für es physiologisch ist und die Gliedmaße und Gelenke gleichmäßig belastet.
Daher gehen wir einen anderen Weg und stellen die Hornkapsel in den Mittelpunkt. Die auf die Hornkapsel wirkenden Kräfte offenbaren sich in deren Verformung und Verbiegung, die wiederum oft mit der Fußung einhergeht.
Bitte nicht falsch verstehen: Auch wenn das Kürzen nach der Auffußung meiner Meinung und Erfahrung nach kontraindiziert ist, ist die Betrachtung, wie das Pferd fußt, trotzdem für uns wichtig. Wir gehen

gleich im Abschnitt über das Vorführen näher auf das Warum ein.
Außerdem sollten Sie im Hinterkopf behalten – auch wenn es für die hier gezeigte und angeleitete Arbeit an den Hufen nicht nötig ist – dass der größte Einfluss auf die Abläufe der Bewegung im über den Beinen liegenden Skelett und der dieses bewegenden Muskulatur stattfindet. Wer die hier wirkenden Zusammenhänge besser verstehen will, sei auch auf das Buch »Hufe gesund reiten« verwiesen.

5.1. Vorführen

Jede Hufbearbeitung, wie überhaupt jede Arbeit am Pferd, beginnt mit der Bestandsaufnahme der aktuellen Situation, sprich mit dem Mustern und Vorführen. Dies dient in erster Linie dem Lahmheitsausschluss, bevor wir etwas an den Hufen machen, aber auch zu unserer eigenen Überprüfung, ob wir durch unsere Arbeit an den Hufen etwas verbessert oder verschlechtert haben (Letzteres hoffentlich nicht). Und es schult generell unser Auge dafür, wie unser Pferd sich bewegt und ob sich das irgendwie über die Zeit verändert.
Hierzu brauchen Sie einen Helfer – Hufbearbeitung ist eben nichts für einsame Wölfe. Es muss immer ein Helfer dabei sein. Das ist nicht nur für die Durchführung der Arbeit, sondern auch für Ihre Sicherheit ein wichtiges Element.

FILM ▶▶▶

Das richtige Vorführen

Sie kennen Ihr Pferd am allerbesten. Wenn Sie es gerade geritten haben, haben Sie schon eine Idee, ob es anders läuft als sonst – besser oder schlechter, macht es Probleme auf der linken oder rechten Hand? Das sind Dinge, die aktuell nur Sie durch Ihre Erkenntnisse beim Reiten wissen. Nun sollten Sie aber das Ganze noch vom Boden anschauen und wenn möglich auch auf unterschiedlichen harten, weichen oder unebenen Untergründen.
Lassen Sie das Pferd von sich weg vorführen. Achten Sie auf den Schweif: Pendelt er locker von links nach rechts (gut!) oder bewegt er sich einseitig? Oder gar angeklatscht überhaupt nicht? Dann hätten Sie einen Warnhinweis auf massive Verspannungen.

Schauen Sie sich in der linken und rechten Wendung an, ob das Pferd auf beiden Händen die gleiche Schrittlänge zeigt oder ob es auf die äußere Schulter fällt. Das kann man gut erkennen, indem man auf die Hufe schaut: Zeigt der äußere Vorderhuf nach außen, fällt Ihr Pferd auf die äußere Schulter. Sieht das Ganze schön gebogen aus, ist das Pferd gelassen und läuft es locker?
Lassen Sie das Pferd nun an sich vorbeiführen, um es auch von der Seite anzuschauen. Dann haben Sie es von hinten, von vorne

und von der Seite betrachtet, auf der linken und auf der rechten Hand.
Im Trab ist der gleiche Ablauf nur für den Ungeübten nötig, denn das geübte Auge wird keinen weiteren Erkenntnisgewinn haben. Trotzdem müssen Sie das Pferd auf der geraden Linie von Ihnen weg und auf sich zu vortraben lassen. So erkennen Sie Taktabweichungen sicher.
Betrachten Sie dazu am besten den Kopf Ihres Pferdes. Sie möchten gerne herausfinden, ob das Pferd auf eines der beiden Beine »drauffällt«. Tut es das, ist dieses Bein in der Regel das gesunde und das andere das in diesem Moment vielleicht lahme. Je nachdem, wie stark dieser Zustand ist, müssen Sie entscheiden, ob Sie weitere Maßnahmen einleiten, wie zum Beispiel Abdrücke des Hufs fertigen zu lassen, um festzustellen, ob ein durch die Zange zu provozierender Schmerz vorliegt – siehe QR-Code – *Sohle mit Untersuchungszange abdrücken* auf Seite 50).
Das Vorführen auf unterschiedlichen Untergründen hat das Ziel herauszufinden, ob Ihr Pferd auf unterschiedlichen Untergründen immer gleich läuft.

TIPP

Haben Sie ein händiges Pferd, dann kann es sein, dass die Hufe ungleich abgenutzt sind. Das Pferd läuft auf weichem Boden gleichmäßig und auf geschottertem Weg deutlich einseitig lahm. Hier ist nicht der Tierarzt gefragt, sondern ein vorübergehender Hufschutz und eine kleine Portion Ausbildung.

FILM ▸▸▸

Lahmheit erkennen an einem gestellten Beispiel.

Im Zweifelsfall rufen Sie den Tierarzt hinzu. Ich erwarte auch nicht von Ihnen, dass Sie jetzt hier ein Stütz- oder Hangbeinlahmheit unterscheiden, aber schon, dass Sie eine Taktunreinheit Ihres Pferdes erkennen. (Wenn Sie nicht sicher sind, dann tauschen Sie mit Ihrem Helfer und führen das Pferd vor und Ihr Helfer schaut und tut seine Meinung kund.) Vorführen und Bewegung beurteilen ist Übungssache. Es ist ein wichtiges Element eines jeden Hufkurses, Sie praktisch anzuleiten und Ihre Urteilskraft zu schärfen.

Aber natürlich ist **Ihr** Pferd heute frei und schön gelaufen. Es hat sich schwungvoll bewegt, der Schweif pendelt frei, der Bauch schwingt gleichmäßig von links nach rechts, der Kopf ist gleichmäßig in seiner Bewegung gewesen – und nun achten Sie intensiv auf die Bewegung der Hufe Ihres Pferdes.
Was können Sie hierbei beobachten? Für die Beurteilung der Gesundheit des Pferdes schauen Sie, wie der Fuß auf den Boden kommt. Das ist, wie zuvor gesagt, für die Bearbeitung der Hufe zwar irrelevant, aber wichtig für die Überlegung, ob Sie sich weiter alleine an die Bearbeitung der Hufe trauen sollten. Trifft der Huf mit der linken

oder rechten Hornwand zuerst auf den Boden (Wandfußung) oder mit der Hufzehe (Zehenfußung)? Kommt er deutlich sichtbar mit der Tracht (Trachtenfußung) zuerst auf? Hören Sie beim Auftreffen auf harten Boden einen einzigen, kräftigen Klang oder einen »Doppelschlag«? Dieser ist immer dann zu hören, wenn die eben beschriebenen Fußungsfehler sehr deutlich sind.

TIPP

Das gesunde Pferd zeigt eine mit bloßem Auge kaum sichtbare Auffußung auf der inneren Tracht. Die Landung der Hufe im hinteren Hufsegment ist an den Hinterhufen deutlicher. Wir hören das Auffußen als einen einzigen Klang. Abweichungen von dieser Auffußungsbewegung sind kritisch zu sehen. Fußt das Pferd zuerst mit dem Zehenteil des Hufs, so liegt das am schmerzenden Trachtenbereich, den das Pferd zu entlasten versucht. Eine Trachtenfußung ist die Vermeidung der zu starken Druckbelastung des Zehenbereichs, wie sie bei der Rehe zu beobachten ist. Die Fußung auf der Seitenwand kann auch eine Schmerzvermeidungsbewegung sein, wie zum Beispiel bei einem Hufgeschwür oder einer umgekippten und drückenden Tracht, oder das Ergebnis verspannter, verkürzter Muskulatur, ein Hinweis auf problematische Veränderungen in einem Gelenk oder eine knöcherne Fehlstellung.

Stellen Sie einen solchen Fußungsfehler bei Ihrem Pferd fest, stoppen Sie zunächst das Projekt »Eigenbearbeitung« und konsultieren Sie einen Tierarzt und/oder einen guten Hufexperten: Es ist ein Hinweis auf eine Erkrankung wie zum Beispeil Spat oder Hufrehe, der zuvor genau abgeklärt werden muss, siehe Kasten.

Wie viel Freiraum erreicht der Huf über dem Boden, das heißt wie stark bewegen sich die Gelenke? Die meisten Pferde sollten ihre großen Gelenke (Sprunggelenk und Knie, Schulter, Ellbogen und Vorderfußwurzelgelenk) deutlich winkeln können und somit die Hufe deutlich vom Boden abheben. Ausnahme: Distanzpferde sind deshalb überragende Langstreckenläufer, weil sie äußerst effizient laufen können. Genau wie ein Marathonläufer heben sie ihre Beine nur wenig über den Boden und bewegen sich mit flachen und damit kraftsparenden gleichmäßigen Bewegungen vorwärts.

5.1.1. Qualität der Bewegung

Im **Trab** schauen Sie auf Parallelität der Bewegung der hinteren Röhre mit dem vorderen jeweils diagonalen Unterarm. Können Sie hier keine Parallelität der Bewegung sehen, so könnte das auf Verspannungen der Muskulatur hinweisen. Oft ist die Mittelhand betroffen, aber auch der hintere Rücken (lumbosakraler Übergang) sollte gecheckt werden.

Im **Schritt** sollte man eine deutliche V-Bildung der Beine der jeweiligen Körperhälfte sehen. Ist kein V zu sehen und ist der Schritt lateralisiert, das heißt passartig, ist das eine

Im Schritt sollen Vorder- und Hinterbein der gleichseitigen Körperhälfte ein V bilden.

Im Trab sollten hintere Röhre und diagonal gegenüberliegender Unterarm des Vorderbeins parallel sein.

wichtige Information über den Zustand der Muskulatur. Sie ist verspannt. Auch jetzt wäre eine Befundung und gegebenenfalls eine Behandlung sinnvoll. Verspannte Muskulatur, so haben Sie eben gesehen, führt zu veränderter Bewegung und diese wiederum verursacht Hufprobleme. Eine Korrektur kann also nur sinnvoll an den Hufen glücken, wenn alle Elemente, die betroffen sind, auch mitkorrigiert werden.

Wichtig ist auch zu überprüfen, ob das Pferd Fühligkeit an den Hufen zeigt. Das ist Ihnen vielleicht nach dem Reiten schon irgendwo aufgefallen. Aber jetzt müssen Sie es genau wissen. Dazu sollten Sie Ihr Pferd in Schritt und Trab auf hartem und weichem, vielleicht auf schotterigem oder steinigen Untergrund vorführen. Ein gesundes und gut laufendes Pferd sollte eigentlich keinen Unterschied auch auf diesen unterschiedlichen Untergründen zeigen, wenn es ohne Reiter vorgeführt wird. Sehen Sie gravierende oder auch nur kleine Unterschiede? Dann müssen Sie den Huf noch genauer anschauen und ergründen, wo diese Fühligkeit herkommt. Wir haben uns darüber unterhalten, wie der regelmäßige Huf aussehen soll.

TIPP

Um zu prüfen, ob Ihr Pferd den hinteren Teil des Hufs funktionell und normal belasten mag, können Sie einen Besenstiel unter den Strahl legen und das andere Bein der überprüften Achse aufnehmen. Im Normalfall sollte das Pferd Sie unerschrocken angucken und nach einem Apfel fragen. Will Ihr Pferd nicht gerne auf dem Besenstiel stehen, sollte genauer geschaut werden.

Woher kommt Fühligkeit?

Man neigt dazu zu denken, das Pferd ist fühlig, es mag nicht mehr auf hartem Untergrund laufen oder stolpert dauernd. Die Reaktion ist oft reflexartig: Das Pferd hat zu kurze Füße und braucht einen Hufschutz. Das ist aber in vielen Fällen gar nicht so. Noch mal ein kurzer Ausflug in die Anatomie: Das Hufbein ist über die Lederhäute in der Hornkapsel aufgehängt. Die normale Form der Hornkapsel kann die wirkenden Kräfte aufnehmen und ableiten. Die Ableitungsrichtung ändert sich allerdings dramatisch bei verwölbten und verbogenen Hufwänden. Unphysiologische, oft aus der Muskulatur kommende Belastungen, die auf den Huf wirken, verursachen sich verbiegende Hufwände, die wiederum die Belastungsintensität stoppen. Das Pferd schont sich. Das System würde sich bei guter Haltung und mit Verzicht auf das Reiten vermutlich von selbst regulieren, allerdings möchten wir das Pferd nutzen. Ein Hufschutz kann jetzt zwar die Situation stabilisieren, aber wirklich verbessern kann sie nur die Hufbearbeitung: Hebelkräfte müssen minimiert werden, durch Begradigung können die Wände wieder tragfähiger werden, durch Entfernen überflüssigen Horns kann die physiologische Hornkapselbewegung wieder stattfinden.

Auch das Stolpern hat seine Ursache nicht immer in zu weit abgelaufenen Hufen. Wenngleich Stolpern in vielen Fällen ein Hinweis auf sehr kurze Hufe ist, so kommt es weit häufiger vor, dass entweder die Hufzehe zu lang ist oder das Pferd es sehr unkomfortabel findet, den hinteren Teil des Hufs zu belasten. Strahlfäule, nachhaltig und länger bestehende Probleme der Hornkapsel wie Trachtenzwang und/oder untergeschobene Trachten können ursächlich sein, aber auch tiefer liegende Probleme wie Stress im Hufrollenkomplex wären möglich.

5.2. Leitlinien für die Bearbeitung

Wir bearbeiten den Huf aufgrund der Erkenntnisse nachfolgender Betrachtung:

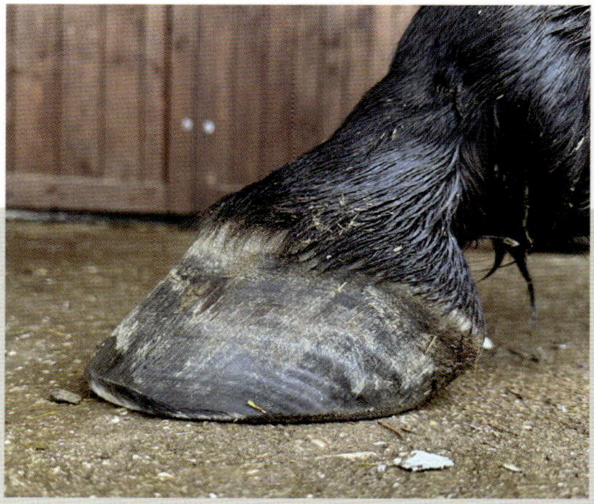

1. Am stehenden Huf/Seitenansicht

- Ist der Huf passend zum Fesselstand?
- Sind die Trachten- und die Zehenwand parallel?
- Ist der Verlauf der Hufkrone im gleichmäßigen Bogen von vorne nach hinten abfallend?
- Ist die Hornwand glatt und seidenmatt glänzend?
- Liegen die Haare des Saumbandes fest an?

2. Von vorne betrachtet

- Sind die beiden Seitenwände gleich lang?
- Sind die beiden Seitenwände im gleichen Winkel?
- Ist die Hufkrone im gleichmäßigen Verlauf?
- Ist die Wand glatt und seidenmatt glänzend?
- Wie ist der Verlauf der Hornröhrchen im Zehensegment?
- Liegt das Haar des Saumbandes an?

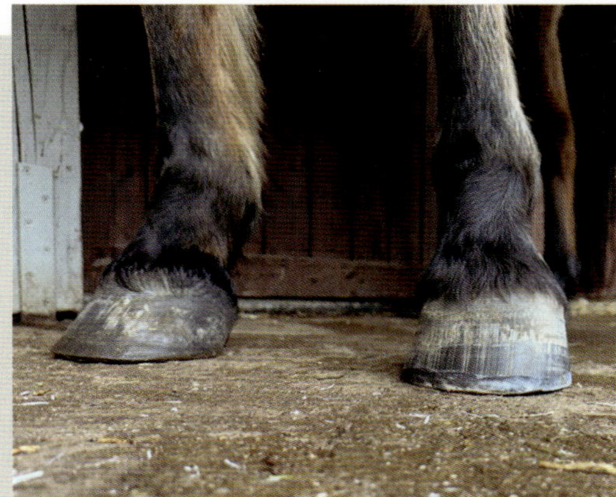

3. Von der Sohlenfläche

- Liegt der Strahl mittig in der Hornkapsel, mit geschlossener mittlerer Strahlfurche?
- Ist die Sohle gleichmäßig gewölbt?
- Ist die weiße Linie von Tracht zu Tracht weiß und zusammenhängend?
- Sind die Eckstreben gerade und gestreckt verlaufend?

5.3. Nun aber fangen wir an

Mit Messer und Raspel bewaffnet gehen wir nun zum Pferd. Wir nehmen den Huf hoch (siehe Kapitel Umgang mit dem Pferd), legen ihn entweder auf den Bock oder nehmen ihn zwischen die Beine, wie es Ihnen bequemer ist, und schauen uns den Huf von der Sohlenfläche einmal an.

5.3.1. Natürliche Sohle, hier an der Strahlspitze

In der Sohlenansicht können wir uns jetzt wunderbar orientieren. Zuerst finden wir heraus, wo der Punkt liegt, an dem die Strahlspitze und die Sohle zusammengewachsen sind.
In vielen Fällen ist der Strahl deutlich über das Sohlenhorn hinausgewachsen oder

die Sohle ist übermäßig dick. Hier wird der Strahl vorsichtig zurückgeschnitten und das Sohlenhorn rund um die Strahlspitze entfernt. Die Sohle wird meist nicht weiter gekürzt, es sei denn, es ist offensichtlich zu viel Horn vorhanden, das entweder die Bewegung der Sohle verhindern kann, durch eine ungleiche Dicke einseitig verändert ist oder durch aufliegendes Horn drücken kann.

FILM ▸▸▸

Strahlspitze freilegen

FILM ▸▸▸

Sohle mit Untersuchungszange abdrücken

Wie kann die ich Sohlendicke beurteilen?

Nachdem ich die Strahlspitze und deren Zusammenhalt mit der Sohle gesehen haben, sollte die Sohle eine gleichmäßige Wölbung Richtung Tragrand zeigen. Bei einer zu dicken Sohle entsteht direkt am Strahl eine kleine Stufe. Diese kann entfernt werden. Der korrekte Test für die Sohlendicke funktioniert wie folgt: Drücken Sie mit beiden Daumen auf die Sohle, kurz vor der Strahlspitze. Hier ist die Sohle am dünnsten. Die Sohle soll unter dem Daumendruck ein klein wenig nachgeben. Das Pferd darf aufgrund der von Ihnen erzeugten Sohlenbewegung allerdings nicht die geringste Reaktion zeigen.

Besser aber noch ist es, vor jeder Bearbeitung die Sohle mit der Hufuntersuchungszange abzutasten. Der Druck auf die Zange darf so stark wie ein normaler, eher kräftiger Händedruck sein. Die Sohle darf und soll sich auf den Druck der Zange hin bewegen, das Pferd darf und soll das aber nicht mit einer Reaktion quittieren. Anzeichen von Wegziehen, Erschrecken oder Abstellen des Hufs sind ein Zeichen für nicht tolerable Fühligkeit und die Notwendigkeit weiterer Maßnahmen. Hufschutz oder Weidegang, bis das Wachstum des Hufs die Situation wieder ausgeglichen hat, sind die einzigen Möglichkeiten.

Viele Hufbearbeitungsmethoden habe in der Kürzung der Sohle einen großen Schwachpunkt. Die einen nehmen zu viel Horn, die anderen zu wenig. Beides ist falsch. Die Sohle muss eine gute Beweglichkeit haben, um im Hufmechanismus abflachen zu können, darf aber auch nicht destabilisiert sein, damit sie den Boden sehr wohl wahrnehmen kann, ohne dass dieses Empfinden zur Schmerzempfindung wird.

Die natürliche Sohle

Unter »natürlicher« Sohle verstehen wir diejenigen Bestandteile der Hornsohle, die nach dem Entfernen abgestorbenen und überflüssigen Horns für das korrekte physiologische Funktionieren des Hufs wichtig sind. Alles andere ist totes Hornmaterial ohne Funktion.

Die natürliche Sohle wird über die Position der Strahlspitze, die Wölbung der Sohle und die Position des Tragrandes ermittelt. Die genaue Position der Strahlspitze ist für eine weitere Orientierung auf der Sohle wichtig:

Etwa einen Zentimeter hinter der Strahlspitze liegt der Drehpunkt des Hufgelenks, und dieser ist jetzt ganz wichtig um zu beurteilen, ob das Hebel-Stütze-Verhältnis, wie es heute oft genannt wird, im Verhältnis eins zu eins steht.

Die Sohle wölbt sich beim gesunden Huf gleichmäßig von der Strahlspitze, den seitlichen Strahlfurchen in Richtung der äußeren Schutzschicht, der Hornwand. Bei verformten Hufen, nehmen wir das Beispiel der untergeschobenen Trachten, verformt sich nicht nur die Hornkapsel, sondern selbstredend auch die Hornsohle.

Die Verformung der Sohle ist aber schon beim stehenden Huf zu erkennen.

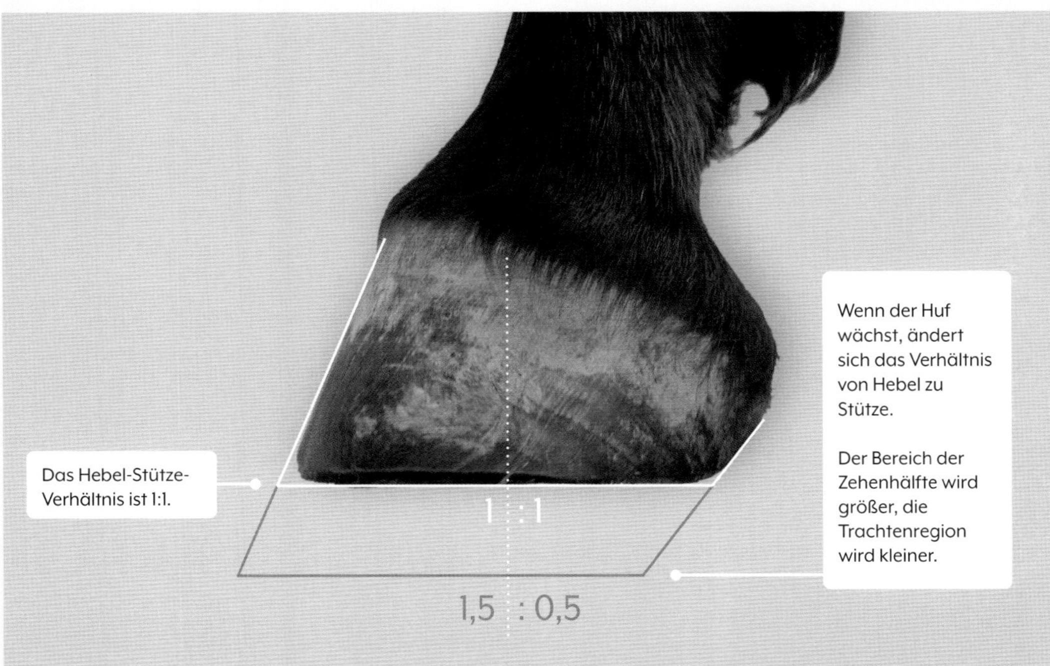

Das Hebel-Stütze-Verhältnis ist 1:1.

Wenn der Huf wächst, ändert sich das Verhältnis von Hebel zu Stütze.

Der Bereich der Zehenhälfte wird größer, die Trachtenregion wird kleiner.

Die veränderten Spannungszustände der Sohle bewirken einen erhöhten Druck auf die Hornröhrchen der Wand und ein Ausweichen der Hornwand. Diese Ausweichbewegung ist auch an der Hufkrone zu erkennen und wird dort quasi widergespiegelt: Die Verwölbung der Sohle deckt sich mit der Verwölbung der Hufkrone.

Mit dem aufgelegten Eisen sieht man die Mulde im Tragrand deutlich.

Erinnerungskasten:

Bei einer untergeschobenen Tracht ist die Trachtenwand spitzer als die Zehenwand. Das Umklappen der Trachtenwand rollt häufig auch die Trachtenwand ein. Diese Formveränderung der Trachten und Eckstreben bewirkt auch eine Formveränderung der Sohle.

Hier sieht man, wie die Hufkrone nicht gerade, sondern bogenförmig aufgestaucht verläuft. Das führt zu Zerrungen und damit Einblutungen im Bereich des Hufbeinträgers, die man hier als violette Verfärbung der Wand sehen kann.

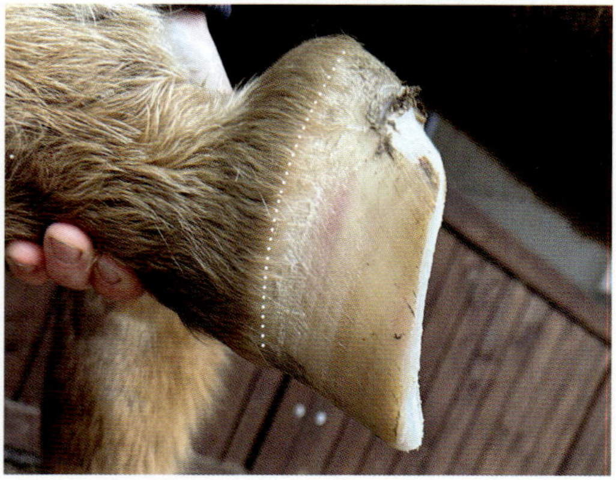

Bei der Bestimmung der natürlichen Sohle wird diese Wölbung erkannt und die Bearbeitung des Hufs orientiert sich an dem gewölbten Verlauf.

Vorgriff: Wenn der Huf von Stresspunkt zu Stresspunkt geraspelt wird und ich einen durchgängigen Abstand von drei Millimetern zum Stresspunkt und auch zum Wandüberstand einhalten möchte, so kann sich eine »Tragrandmulde« am fertigen Huf einstellen. Der auf dem Boden abgestellte Huf zeigt einen Bereich, in dem der Tragrand nicht auf dem Boden aufsteht. Dieses Ergebnis ist im Rahmen der Entspannung der Hornkapsel richtig und normal. Die »Tragrandmulde« entsteht nur bei Hufen mit einer verspannten Sohle und hat eine sehr wichtige Auswirkung auf die gewünschte Entspannung der gesamten Hornkapsel.

Am verständlichsten wird es über ein kurzes Beispiel:
Sie haben einen Huf mit untergeschobenen Trachten. Das korrekte Bearbeiten des Tragrandes (Wandüberstandes) hat dazu geführt, dass eine »Tragrandmulde« entstanden ist. Richtung Hufkrone projiziert (im Verlauf der Hornröhrchen) ist eine formgleiche Aufstauchung in der Hufkrone. Wenn das Pferd jetzt seinen Huf wieder belastet, wird der Kronrandbereich die Hornröhrchen nach unten schieben wollen. Das ist möglich, da eine Tragrandmulde besteht. Die Sohle entspannt und gibt Druck in Richtung der nach vorne gekippten Trachtenwand. Der Prozess der Deformation hat sich also in einen der Entspannung gewandelt. Die nächsten für die Entspannung einer verspannten Hornkapsel dienlichen Betrachtungspunkte sind die Stresspunkte.

5.3.2. Stresspunkte

Nach der natürlichen Sohle suchen wir zur genauen Beurteilung der zu leistenden Maßnahmen die sogenannten Stresspunkte. Das sind Kerben oder sichtbare »Markierungen« im Bereich der Trachtenwand, die im Prinzip die Sollbruchstelle darstellen, welche genetisch festgelegte Höchstlänge die Trachtenwand haben kann. Hat die Trachte diese Länge erreicht, knickt sie ab. Die Abknickung erzeugt die kleine Markierung an der Stelle, welche die maximale Länge der Trachtenwand bedeutet. Hier haben wissenschaftliche Tests ergeben, dass etwas länger gewachsenes Horn durch den Stress des länger werdenden Hebels abknickt, also eigentlich

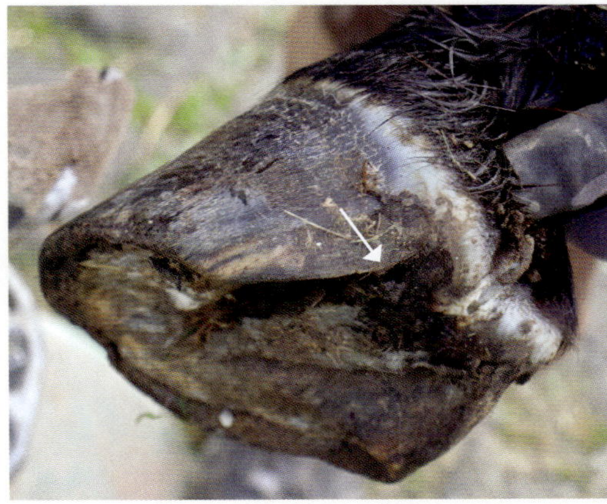

Der Stresspunkt ist als Knickung in der Trachtenwand zu erkennen. Ab hier ändern die Hornröhrchen ihren Verlauf.

an Funktionalität für den Huf verloren ist. Es ist nicht mehr so haltbar und stabil und wird das Gewicht des Pferdes nicht halten können und brechen (das zeigt sich als Delle in der Trachtenwand.

Interessant ist übrigens, dass die vier erkennbaren Stresspunkte an den Hufen einer Körperachse alle die gleiche Trachtenlänge markieren.

Wenn ich also einen Stresspunkt an einer Trachtenwand eindeutig identifizieren kann, bin ich in der Lage, mit einem Zirkel dieses Maß auf alle drei weiteren Trachtenwände der gerade bearbeiteten Beinachse zu übertragen. Die Stresspunkte geben an, bis zu welcher Länge der Huf gekürzt werden muss.

Vor dem Bearbeiten müssen Sie den Huf noch einmal genauer ansehen, um zu

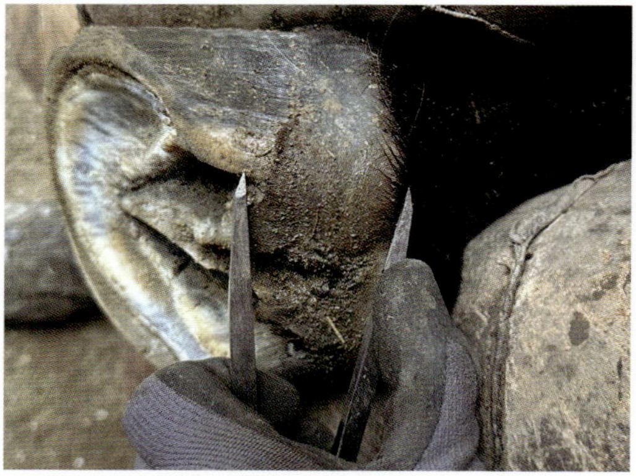

Mit dem Hufzirkel ermitteln Sie nun die Länge der Trachtenwand vom Stresspunkt bis zur Kerbe im Hufballen.

Stresspunkt

Jede Trachtenwand hat einen Stresspunkt, es gibt also zwei Stresspunkte pro Huf. Der Stresspunkt wird von einer Kerbe am Hufballen bis zu der Delle in der Trachtenwand gemessen. Der Abstand von der Kerbe im Ballen bis zur Delle in der Trachtenwand ist bei allen vier Stresspunkten einer Beinachse identisch lang. Die Länge auf der anderen Beinachse ist anders.

Zu unterscheiden ist die Trachtenlänge von der Trachtenhöhe. Die Trachtenlänge ist das mit dem Zirkel von Delle zu Kerbe ermittelte Maß und die Trachtenhöhe ist die Höhe der Tracht beim am Boden stehenden Huf von der Haarlinie bis zum Boden gemessen. Für die Bearbeitung der Hufe brauchen wir nur das Maß der Trachtenlänge.

FILM ▸▸▸

Stresspunkt messen

entscheiden, wie er geraspelt werden soll. Wenn Sie ihn von hinten betrachten, schauen Sie jetzt genau auf die Ballen. Liegen die beiden Hufknorpel auf der gleichen Höhe?

Sind die Hufknorpel weich und elastisch anzufassen? Schauen die beiden Hufknorpel im gleichen Winkel aus der Hornkapsel heraus?

Hier können Sie die Hufknorpel ertasten. Sie sollten sich weich und elastisch anfühlen und auf beiden Seiten im gleichen Winkel aus der Hornkapsel treten.

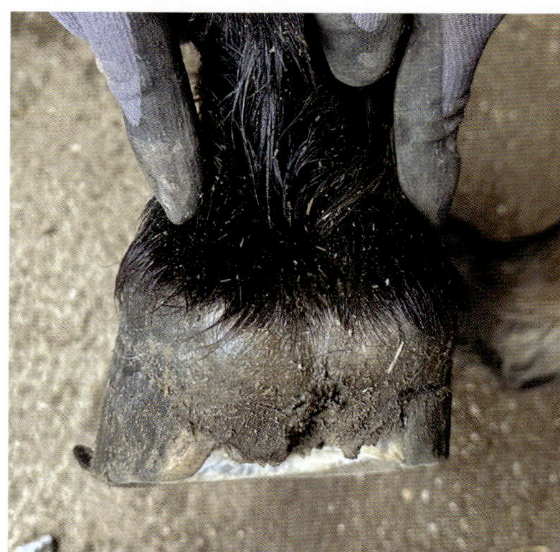

5.4. Umgang mit der Hufraspel

»Raspeln Sie von A nach B« ist jetzt leicht gesagt, aber wie genau? Schauen wir uns daher die Raspelführung noch ein bisschen genauer an:
Die Raspel wird in der Grundhaltung mit zwei Händen geführt. Mit der am Raspelgriff liegenden Hand schieben Sie die Raspel nach vorne. Die andere Hand steuert den Druck, mit dem Sie Horn abtragen möchten.
Arbeiten Sie am Huf, der auf den Bock aufgestellt ist, möchten Sie in einigen Bereichen eine natürlich gewölbte Oberfläche erhalten. Dazu müssen Sie die Raspel in einer schaukelnden Bewegung führen. Dies ist der Weg, um Rundungen zu feilen.

Zum Strecken der Hufwände ist meist ein senkrechtes Führen der Raspel richtig bis zu dem Punkt, welchen die Wand hätte, wäre die Wand gestreckt (Waterline beachten). Dies kann oft auch mit der feinen Raspelseite geschehen. Scharfe Kanten sollen am Huf nicht entstehen. Das leichte Berunden entstandener Kanten geschieht ebenfalls mit den feinen Raspelseite.

Das Beraspeln des Tragrandes ist die anspruchsvollste Arbeit. Üblicherweise wird die Raspel geschoben, denn bei der Bewegung nach vorne greifen die Raspelzähne und tragen Hufhorn ab. Wenn Sie nun den Tragrand kürzen wollen und dabei die natürlichen Referenzpunkte des Hufs respektieren wollen, ist es sinnvoll, die Raspel anders zu führen.

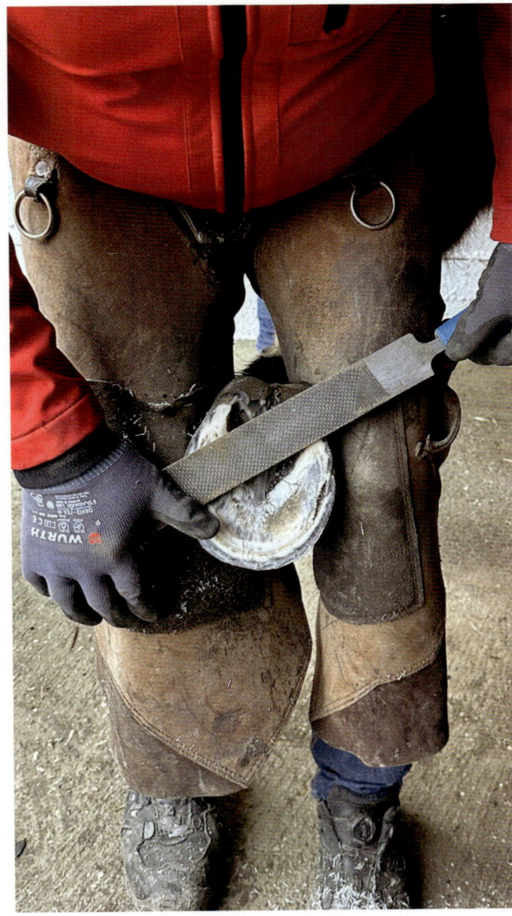

Die Hand am Griff schiebt die Raspel nach vorn, die andere steuert nur den Druck.

FILM ▸▸▸

Beraspeln von Tragrand und Zehe

Starten Sie mit der Raspelbewegung an der Zehe und führen Sie die Raspel in Richtung der Tracht. Sie bearbeiten nun konsequent nur eine Seite des Hufs. Bei der Führung der Raspel müssen Sie beachten, dass die Raspel senkrecht zum Tragrand steht. Sie darf nicht in Richtung der anderen Hufseite wegkippen.
Nun raspeln Sie wieder an der Zehe beginnend mit einer ziehenden Bewegung die andere Tragrandseite. Auch hier achten Sie bitte darauf, dass die Raspel senkrecht zum Tragrand geführt wird und auf keinen Fall in Richtung der anderen Hufseite abkippt.

Wenn Sie beide Hufhälften auf die gleiche Art und Weise bearbeitet haben, kontrollieren Sie, ob der Tragrand mit dem Verlauf der natürlichen Sohle korrespondiert. Ist der Tragrandüberstand unterschiedlich hoch über der Sohle, so gleichen Sie das nun aus, indem Sie die Raspel wieder mit der Zweihandführung von innen, also aus der Richtung vom Strahl weg nach außen angleichen. Dasselbe machen Sie auf der anderen Seite des Hufs.
Die Zehenrichtung wird wieder in der Zweihandführung am Huf angeraspelt.

FILM ▶▶▶

Die richtige Raspelführung

Abschließend erfolgt die schon erklärte Bearbeitung des Hufs auf dem Bock stehend.

Hinweis

Wird die Raspel bei der Kürzung des Tragrandes genau senkrecht zum Tragrand geführt, kann ein spiralförmiger Verlauf des Tragrandes entstehen, der sich beim Aufsetzen des Hufs auf den Boden entspannen kann und die einseitige Aufstauchung eines Ballens verringert oder sogar eliminiert.
Ist die Raspelführung jeweils in Richtung des gegenüberliegenden Tragrandes gerichtet, wird das Pferd den Huf abstellen und der Huf zeigt eine Schiefstellung. Die positive Entspannung des Hufs ist ausgeblieben.

5.5. Huf und Fesselstand

Durch die Betrachtung des Hufs in seiner Beziehung zum Fesselstand haben wir den Istzustand beschrieben. Der Huf ist entweder passend oder zu spitz oder zu stumpf zum Fesselstand. Anders als bei der Arbeit mit einem Hufschutz können wir durch Beraspeln und Beschneiden den Huf nur in seinen natürlichen Grenzen bearbeiten. Wenn der Huf zu spitz zum Fesselstand steht, wird der Schmied die Zehe bis an die ultimative Grenze kürzen und die Tracht mit einem Keil unterstützen.

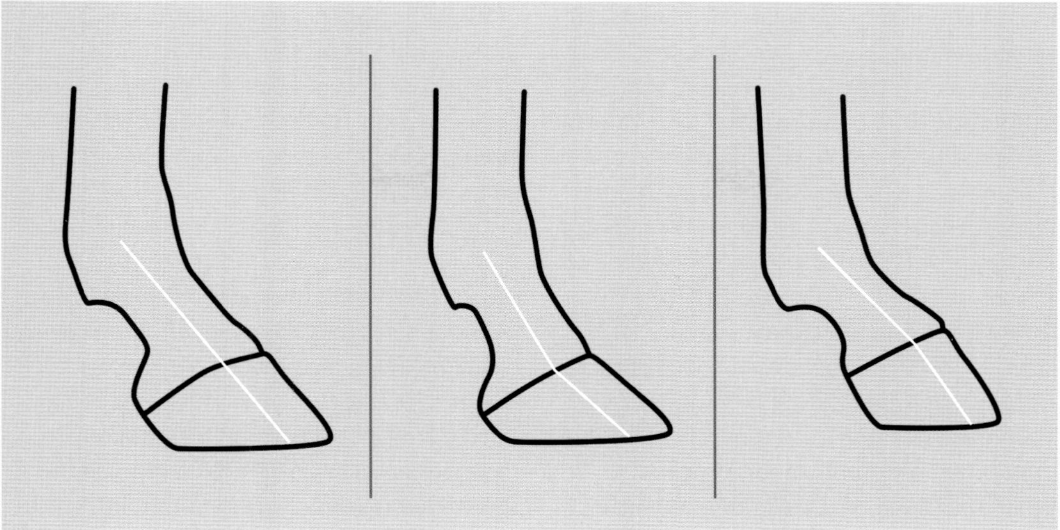

Von links nach rechts: Passend zum Fesselstand – zu spitz – zu stumpf.

Das geht in der Barhufkorrektur anders: Die Zehe wird bis an die Grenze der natürlichen Sohle gekürzt und bis an die Waterline zurückgefeilt. Die Trachtenwand wird bis an den Stresspunkt (plus drei Millimeter) zurückgefeilt. Das Kürzen der Tracht scheint beim zu spitzen Huf auf den ersten Blick ein Widerspruch zu sein, ist es aber nicht. Das Kürzen der Trachtenwand verändert die Stellung des Hufs dann nicht, wenn die Wand zu lang ist. Nach der Kürzung sieht man eine Entspannung der Trachtenwand, zu erkennen am sich verändernden Verlauf der Hufkrone. Oft sieht man schon unmittelbar nach der Bearbeitung die Entspannung der Hornkapsel und den veränderten Verlauf der Hufkrone.

Die Entspannung ist übrigens ebenso am Gesicht des Pferdes zu erkennen – hier ist deutlich abzulesen, dass es sich sichtbar wohler in seinen Hornkapseln fühlt.

Die Korrektur des Hufs ist danach meist noch nicht abgeschlossen. Der zuvor zu spitze Huf zum Fesselstand ist es vielleicht immer noch, aber vermutlich ist die Situation verbessert. Nun ist aber ein Prozess der Verbesserung gestartet. Anders als bei einem permanenten Hufschutz können wir nun kurzfristig an der weiteren Verbesserung der Hufsituation arbeiten. Die sinnvolle und auch machbare Bearbeitungsfrequenz kann dabei auch bei Abständen von zwei oder drei Wochen liegen. Sind weitreichendere Verbesserungen der Hufstatik nötig, ist ein kurzes Intervall sogar Bedingung für das Gelingen.

Nach diesem Verfahren arbeite ich bei allen denkbaren Abweichungen der Hufstellung zum Fesselstand. Immer ist die Verbesserung der Hufform der Weg zur Korrektur.

Es kann nun sein, dass die Ballen unterschiedlich hoch liegen. Das bedeutet, dass in leider vielen Fällen eine unsachgemäße Hufbearbeitung den Druck auf die Tracht und damit auf den Ballen ungleich gestaltet hat und sich deshalb ein Ballen nach oben wegdrücken musste. Die Auswirkung dieses Zustands der Hufe ist fatal und muss so schnell es geht behoben werden. Ist ein Ballen nach oben gestaucht, ist die Hornkapsel vollkommen verspannt. Das birgt nicht nur das Risiko, dass die Hornkapsel Zusammenhangstrennungen wie Spalten oder Risse bekommt, sondern vielleicht schlimmer noch ist die Wirkung auf die Durchblutung der Lederhäute. Ist die Kapsel verspannt, wird es Bereiche des Hufs geben, in denen die Durchblutung deutlich verringert ist. Verringerte Durchblutung bedeutet immer auch einen deutlichen Einfluss auf das Wachstum des Hufhorns in diesem Bereich.

Ärgerlich ist es, wenn Ihre Untersuchung des Hufs ergeben hat, dass der Huf zwar deutlich einseitig aufgestauchte Ballen hat, aber keine Beweglichkeit der Ballen mehr feststellbar ist.

Dies ist dann der Fall, wenn die schon lange bestehende Verspannung der Hornkapsel zu Veränderungen **in** der Hornkapsel geführt haben.

Minderdurchblutung von Gewebe über einen langen Zeitraum kann fatale Auswirkungen haben. Die Hufknorpel können verknöchern, der Bandapparat zeigt Verkalkungen, aber im Zusammenhang mit der verspannten Hornkapsel ist natürlich auch eine Fehlstellung festzustellen. Hier kann von Arthrose über Arthritis bis hin zu Knorpelschäden alles denkbar sein. Das Pferd sollte jetzt nur mit fachkundiger Begleitung aus der Schonhaltung genommen werden. Ist der Ballenbereich so steif, dass keine Beweglichkeit mehr provozierbar ist, sollten Sie zur weiteren Hufbearbeitung ausschließlich Fachleute hinzuziehen.

Auch eine Verletzung oder ein krankhaftes Geschehen am Huf kann eine Schonhaltung des Pferdes initiiert haben, welche die ungleiche Belastung des Hufs verursachte und damit den/die Ballen einseitig aufstauchte. Auch schlechtes Reiten, falsche Ausbildung oder ungeeignete Haltungsbedingungen können solche formveränderten Hornkapseln produzieren.

Hinweis

Bei der Kürzung des Tragrandüberstandes ist auch die Betrachtung des Röhrchenverlaufs des Zehensegments wichtig. Sind die Hornröhrchen in eine Richtung verbogen, muss in der Regel auf der Seite gekürzt werden, in welche die Röhrchen zeigen. Ist der Verlauf der Hornröhrchen gerade, kann die Position der Ballen trotzdem zu einer Tragrandmulde nach der Kürzung des Wandüberstandes führen.

Ist also der Ballen beweglich oder sind die Ballen auf gleicher Höhe, so nehmen Sie die gefundenen Stresspunkte als Referenzpunkte für das Kürzen des Hufs.

FILM ▸▸▸

Raspeln von der Zehe zum Stresspunkt

Für das barhuf laufende Pferd empfiehlt es sich, nicht bis zum Stresspunkt zu kürzen. Besser ist es, einen Raum vom circa drei Millimetern Abstand über dem Stresspunkt zu erhalten. Raspeln Sie von einem Stresspunkt zum anderen. Das gelingt am besten, wenn Sie die Raspel von der Zehe zur Tracht führen und danach von der Zehe zur anderen Tracht.

Ist ein Ballen aufgestaucht gewesen, so entsteht durch das Raspeln quasi ein von unten betrachtet spiralförmiger Verlauf des Tragrands. Dieser Effekt der Hufbearbeitung ist wichtig, denn so kann der zuvor aufgestauchte Ballen nach unten absinken und die Hornkapsel sich entspannen. Dies kann

FILM ▸▸▸

Spirale raspeln

Raspeln Sie zuerst auf einer Hufseite vom Stresspunkt an der Tracht zur Zehe und auf der anderen Seite von der Zehe zum Stresspunkt.

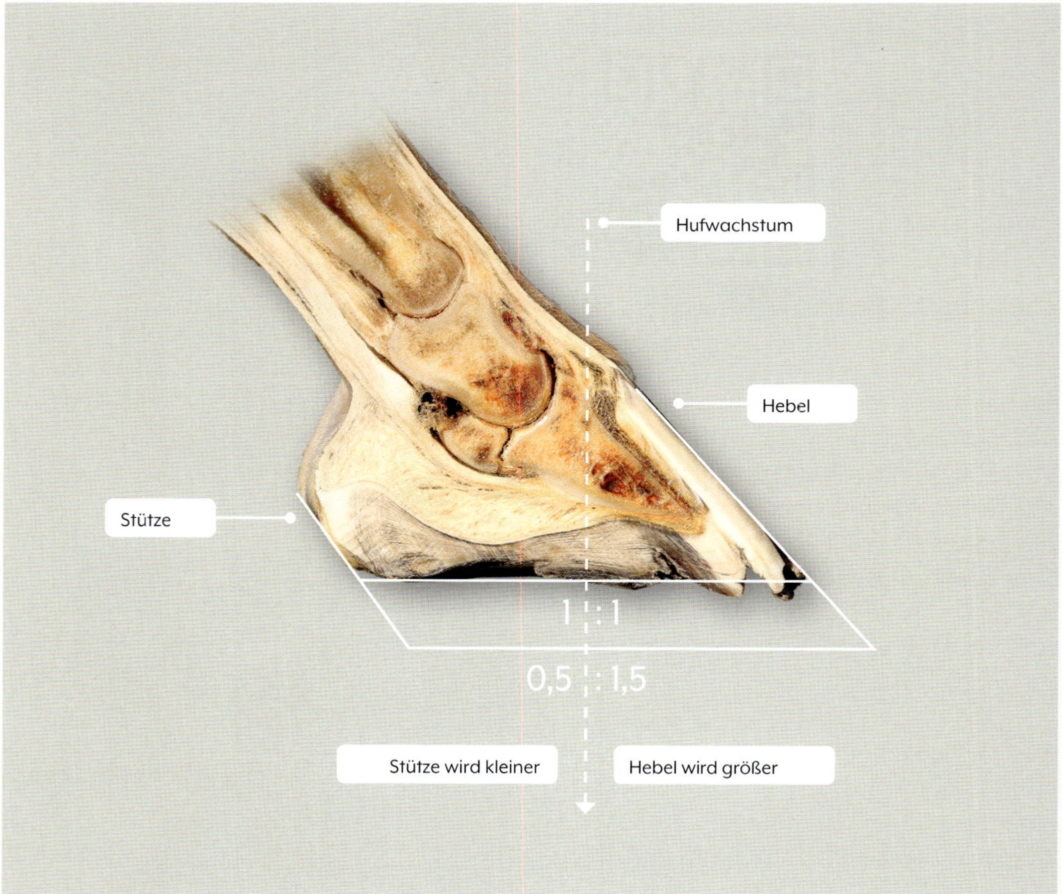

nicht nur zu einer Genesung von Hornspalten führen, sondern auch eine freiere Bewegung fördern und das zukünftige Hufwachstum durch die physiologische Durchblutung so normalisieren, dass Fehlstellungen verringert sind.

Nach der Kürzung des Tragrandüberstandes ist in den meisten Fällen die Zehe nun etwas zu lang. Das Hebel-Stütze-Verhältnis muss korrigiert werden.

5.6. Zehe zurücksetzen und Zehenrichtung anraspeln

Die Zehe kann zurückgenommen werden. Dies bedeutet, dass man die Hufwand bis an die sogenannte Waterline verdünnt. Die Waterline ist die Trennschicht zwischen pigmentiertem und unpigmentiertem Horn und daher gut zu erkennen. Der Wand wird damit die Stabilität nicht genommen und Sie optimieren den Abrollpunkt in eine physiologische Richtung, was ja das Ziel unserer ganzen Arbeit ist. Nach dem Zurücknehmen der Zehe wird nun eine Zehenrichtung, neudeutsch eine »Mustang Roll«, angeraspelt. In vielen Fällen ist damit eine physiologische und bequeme Abfolge des Laufens für das Pferd erreicht. Wir setzen die Zehenrichtung unabhängig davon, ob der Huf sich ursprünglich mehr die inneren oder die äußere Zehe abgelaufen hat, zentral in der Mitte. Durch das Reduzieren des Zehenbereichs, über den das Pferd vorher nicht gut abrollen konnte und es damit auch nicht getan hat, geben wir ihm nun die Möglichkeit, gerader und eventuell komfortabler zu laufen. Bedenken Sie, dass wir den Prozess zur Entspannung der Hornkapsel eingeleitet haben und dem Pferd die Möglichkeiten geben müssen, eine neue oder wiedergewonnene Bewegung in Balance zu suchen und zu finden.

Hoof Mapping: Bestimmung der weitesten Stelle, Verfolgen der Linie über die Eckstrebe durch den Schnittpunkt dieser Linie: Daraus ergibt sich vorne die Lage der Zehenrichtung. In der Mitte haben wir außerdem durch den Schnittpunkt den Drehpunkt des Hufs ermittelt.

5.7. Herstellung der Hufsymmetrie

Nun bearbeiten wir den Huf ausschließlich nach symmetrischer Betrachtung, das heißt wenn ich jetzt in eine Linie durch die Mitte des Hufs ziehe, möchte ich gerne, dass links und rechts dieser Linie der Huf symmetrisch ist. Dies versuche ich durch gezieltes Raspeln zu erreichen.
In der Fachsprache nennt sich dieses »mediolaterale Hufbalance«, ist nichts anderes als die Bearbeitung nach Symmetrien wie zuvor beschrieben. Die Grenze der Symmetrie ist an der Waterline erreicht. Auch an den Seitenwänden sollte ich nicht über diese Trennlinie der pigmentierten und unpigmentierten Wandabschnitte hinausgehen.

Hilfreich ist die Betrachtung der Wachstumsrichtung der Hornröhrchen direkt unterhalb der Hufkrone. Sehr oft ist zu erkennen, dass der oberste Zentimeter dieser Hornröhrchen gerade verläuft, dann aber schon eine Verbiegung der Wachstumsrichtung nach außen beginnt. Der Hinweis ist, wie der Huf eigentlich aussehen sollte/könnte.

Hinweis

Der Wandüberstand von der Sohle ist am Stresspunkt beim Barhufer meist drei Millimeter. Durch das Anraspeln der Zehenrichtung ist der Wandüberstand im Zehenbereich naturgemäß geringer. Sollte die Form der Sohle so gestaltet sein, dass der eigentlich gleichmäßig abnehmende Wandüberstand von der Tracht zur Zehe im Verlauf deutlich stärker wird, so liegt das an einer Verformung der Sohle. Diese korrespondiert immer mit einer Einbuchtung des Verlaufs des Kronsaums. Es kann auch sein, dass die Bereiche vor und hinter der Einbuchtung aussehen, als würde es sich um einen Aufstauchung handeln. Das ist selten. Aufstauchungen der Hufkrone im hinteren Segment des Hufs sind meist ein Ergebnis zu langer oder zu hoher Trachtenwände.

Auf dem Bock werden die Wände nun gestreckt, heißt begradigt.

Hinweis

Eine gerade Dachlatte kann erstaunlich viel Energie aufnehmen, bis sie anfängt, sich zu biegen. Ist sie einmal gebogen, bricht sie sehr schnell und ohne viel Kraftaufwand.

Die Hornwand verhält sich ähnlich. Startet durch eine Fehlbelastung das Verbiegen der Hornröhrchen, so widersteht anfänglich die Wand zuzüglich der weißen Linie dem Wegdriften. Die weiße Linie reißt ab und die Verbiegung verstärkt sich. Das Strecken der Wände reduziert die am Boden wirkende Hebelkraft und eröffnet die Chance, dass die Wände wieder gerade wachsen können. Bei solchen Hufsituationen ist eine Bearbeitung in sehr kurzen Zeitabständen sinnvoll.

Hebelnde Wände

Hebelnde Wände (und wir sprechen immer noch über den unproblematischen Huf) sind am ehesten dann behebbar, wenn sie früh erkannt werden. Je früher Sie Maßnahmen ergreifen, desto schneller ist der Zustand der Hufe wieder »normal« und desto schneller gelingt die Verbesserung. Um hebelnde Wände zu beseitigen, gibt es zwei Strategien:

1. Ist die Sohle kräftig und tragfähig (was Sie mit der Untersuchungszange getestet haben), besteht der schnellste Weg darin, den Verlauf der Wand zu verbessern und den Zug der Wand an der weißen Linie wegzunehmen, indem Sie die Wand aus der tragenden Last nehmen. Das deutliche Abschrägen der Wand bringt die Traglast auf die Sohle und die Wand verliert den verformenden Kraftimpuls. Weggehebelte Wände wirken durch den veränderten Schnittwinkel breiter und dicker. Dies kann zusätzlich korrigiert werden. Die einseitig oder beidseitig glockenhafte Veränderung der Hornkapsel kann auf diesem Weg ruckzuck korrigiert werden. Wird der Missstand früh erkannt, ist die Sohle fast immer ausreichend tragfähig und belastbar, um dieses Verfahren zu erlauben.
2. Manchmal, oft dann, wenn zu spät gehandelt wird und die hebelnden Wände schon zu einer deutlich sichtbaren Verformung des Hufs geführt haben, ist die Sohle, die hier auch den Zusammenhang zur Wand durch die zerrissene weiße Linie verloren hat, meist weniger gut gewölbt und deutlich weniger fähig, Last aufzunehmen. Testen Sie es mit der Untersuchungszange. Zeigt das Pferd Anzeichen, dass es Ihren Druck registriert, ist ein anderes Korrekturverfahren besser:

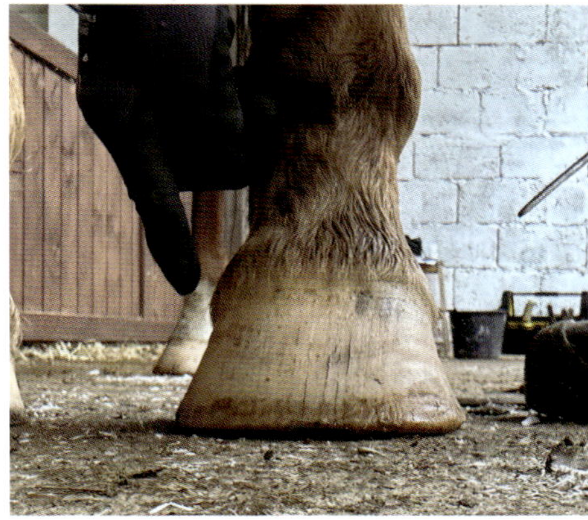

Hier sieht man eine konkave Verwölbung der Wand, eine sogenannte »hebelnde Wand«, das führt zu Zugkräften in der weißen Linie. Der Umfang des Hufs vergrößert sich und damit die Kräfte, die auf die distalen Gelenke wirken.

Der Huf behält einen Wandüberstand, der die Sohle ein wenig überragt. Die Hufwand wird durch Raspeln auf dem Hufbock gestreckt. Die machen Sie, indem Sie die Raspel senkrecht nach unten führen. Sie dürfen so viel Horn entfernen, bis die Waterline erreicht ist. Die am Huf entstandene Kante müssen Sie glätten. Eine Schleifklotz ist am besten geeignet. In den meisten Fällen sollten Sie diese Arbeit im Wochenabstand wiederholen. Ihr Maßstab ist das Kronhorn. Die Erfahrung zeigt, dass der Winkel des Kronhorns bei Hufen, die zur glockenartigen Verformung neigen, nie ganz erreicht werden wird, aber das Mindestziel ist eine über die weiße Linie zusammenhängende Sohle mit der Wand.

Bearbeiten Sie die Eckstreben erst nach dem Kürzen der Wand und nicht vorher.

5.8. Die Bearbeitung der Eckstreben

Ich halte die Bearbeitung der Eckstreben als abschließende Arbeit für äußerst sinnvoll. Ich sehe sehr oft, dass Hufbearbeiter und Hufschmiede die Eckstreben im Zuge der Strahl- und Sohlenbearbeitung zusammen erledigen. Das ist vom effizienten Ablauf der Arbeit vielleicht zielführend, aber sicher nicht sinnvoll. Die Eckstrebe **muss** gerade und gestreckt verlaufen. Nur so kann sie ihre Aufgabe erfüllen, die Hornkapsel in der Formveränderung durch den Hufmechanismus zu begleiten, aber schlussendlich immer wieder in die Ursprungsform zurückzukehren. Bearbeitet man die Eckstrebe vor der Kürzung des Wandüberstands oder des Tragrandes, passiert es zu leicht, dass die Strebe aufgekehlt (muldenförmig) ist und nicht mehr gerade verläuft. Hier hat die Hufbearbeitung dann einen Weg in eine Fehlentwicklung des Hufs gestartet. Das Dilemma ist, dass solche negativen Veränderungen ganz langsam starten und kaum bemerkt werden. Wenn sie auffallen, dann meist erst dann, wenn die negative Veränderung schon deutlich Fahrt aufgenommen hat.
Auch das zu starke Zurückschneiden der Eckstreben schwächt den Huf. Genauso falsch ist die zu lang gelassene Eckstrebe. Sie kann auf die Sohlenlederhaut, sogar auf die Nerven der Hufrolle drücken, sie kann umkippen, auf die Sohle drücken und zu sich immer wiederholenden Hufgeschwüren führen.
Oftmals ist das Hinterschneiden der Eckstrebe, um sie in der Funktion zu stärken, sinnvoll.

FILM ▸▸▸

Eckstreben bearbeiten

Die Bearbeitung der Eckstrebe ist ungeheuer wichtig, allerdings auch kein Hexenwerk, wenn man die Funktion einer Strebe im Hinterkopf behält.

Führen des Hufmessers.

Haben Sie den Huf zwischen Ihren Beinen positioniert, wird das Messer bei Rechtshändern (Linkshänder machen das genau seitenverkehrt) im Trachtenbereich angesetzt und Richtung Hufzehe geführt. Ist das Horn zu hart, kann der Daumen der linken Hand als Gegenlager dienen. Von der Zehe Richtung Tracht ist die Führung leichter. Das Messer wird in der Hand positioniert und Richtung Tracht gezogen.

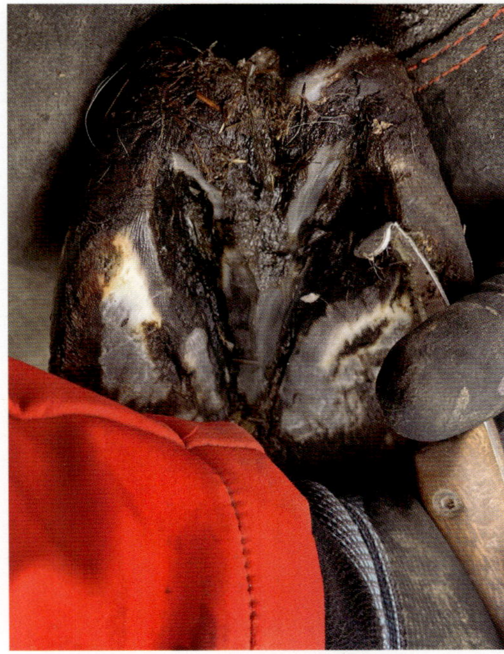

Die korrekte Messerführung beim Bearbeiten der Eckstrebe.

FILM ▶▶▶

Arbeiten mit dem Hufmesser

Wie Sie im Video beobachten können, wird der Daumen der anderen Hand in einigen Arbeitspositionen zur Hilfe genommen. Er dient als Lager.
Einige Handhabungen sind vielleicht für Ihre Hände ungewohnt, aber der Körper gewöhnt sich schnell daran.

5.9. Die Bearbeitung des Strahls

Zuletzt wird der Strahl bearbeitet. Ist der Strahl frei von Fäulnis, so kann oft das einfache Säubern ausreichen und es muss nicht mit dem Messer an Strahl gearbeitet werden. Wenngleich ich zugebe, dass ein schön beschnittener Strahl ein sauberes und gepflegtes Bild eines Hufs abgibt, so muss man hier sachlich bleiben. Der Strahl bekommt, wird er nicht beschnitten, eine raue Oberfläche. Je rauer die Oberfläche ist, umso mehr Keime können an der Fläche anhaften. Das Beschneiden des Strahls kann also prophylaktisch sinnvoll sein. Ist der Strahl von Fäulniserregern besetzt,

Am Strahl werden lose und von Fäulnis befallene Stellen weggeschnitten. Die Oberfläche soll nach der Bearbeitung möglichst glatt sein.

müssen die befallenen Bereiche so weit es geht weggeschnitten werden und der Lebensraum für Keime auf dem Strahl muss genommen werden. Die pflegerischen Maßnahmen werden an anderer Stelle besprochen.

FILM ▶▶▶

Strahl schneiden

Wenn Sie den Strahl schneiden, dann sollte das mit einem scharfen Messer einmal von oben nach unten und einmal von unten nach oben für die beiden äußeren Strahlfurchen ausreichen. Kurze Schnitte mit immer wieder neuem Ansetzen des Messers sind zu vermeiden, denn genau hier finden die Keime wieder Anhaftungspunkte. Die mittlere Strahlfurche kann durchaus mit einem Sägeschnitt von links nach rechts oder andersherum sauber geschnitten werden.

5.9.1. Der Strahl beim Barhuf

Der Strahl braucht Bodenkontakt, um im Ablauf des Hufmechanismus das darüberliegende venöse Geflecht durch seinen Druck zu entbluten. Das heißt, dass ein zu stark gekürzter Strahl dieser Funktion hemmend entgegenstände. Die richtige Strahlhöhe liegt in Tragrandhöhe. Der Strahl sollte nur wenige Millimeter unterhalb des Tragrandes liegen und stellt einen wesentlichen Teil der elastischen Standfläche des Pferdes dar.

Über Tragrandniveau ist der Strahl zu voluminös. Der Strahl würde nicht abnutzen, sondern platt gedrückt die äußeren Strahlfurchen auffüllen. Diese Füllung kann den Ablauf des Hufmechanismus stören und steht daher den dynamischen Prozessen störend entgegen. Des Weiteren ist die Gefahr von Strahlfäule erhöht.

5.9.2. Der Strahl beim Hufschutz aus Kunststoff

Nahezu alle Kunstoffbeschläge haben einen Verbindungssteg, der die beiden Beschlagschenkel miteinander verbindet. Diese Brücke ist notwendig, um eine stabilere und ausreichend lange Liegezeit des Kunststoffs am Huf zu gewährleisten. Der Steg fordert eine an den Beschlag angepasste Hufbearbeitung. Das beginnt mit dem Tragrand, der die Breite des gewählten Kunststoffs haben muss. Ist der Tragrand schmaler, legt sich der Beschlag der Sohle an, wird dadurch nach innen gewölbt und außen am Tragrand etwas schmaler. Die Verwölbung des Beschlags führt zu verstärktem Druck auf den Strahl. Der nun zu starke Druck erzeugt im Strahl nekrotische Veränderungen. In vielen Fällen kollabiert der Strahl und fault. Wenn der Tragrand die für den Beschlag richtige Breite hat, besteht diese Gefahr nicht. Der Strahl muss, um nekrotische Veränderungen zu vermeiden, anders bearbeitet werden. Er wird auf der dem Beschlag zugewandten Seite flächig glatt und flach beschnitten. Zwischen Steg und Strahl sollte kein Abstand bestehen. Der Strahl wird durch diese Anwendung gut massiert und die Hufentwicklung wird positiv beeinflusst. Einen weiteren Aspekt werde ich noch bei der Strahlbearbeitung für den Eisenbeschlag benennen.

5.9.3. Der Strahl beim Beschlag mit Hufeisen

Vermutlich können Sie sich den Wunsch der Strahlbearbeitung für den Eisenbeschlag schon vorstellen. Je nachdem, welches Hufeisen oder welcher Alubeschlag ausgewählt wird, liegen die Beschlagdicken zwischen sechs Millimetern bis hin zu 14 Millimetern für Kaltblutpferde. Bei Reitpferden ist heute ein Eisen mit acht Millimetern Stärke üblich, Aluminium ist oft deutlich dicker. Überdies gibt es Spezialeisen für Islandpferde. Der Strahl muss so kräftig belassen werden, dass er auch mit Eisen die gleiche Funktion hat wie beim Barhuf. Leider sehe ich das fast nie. Solange das Pferd in weichem Boden geritten wird, ist es unerheblich, denn der Sand des Reitplatzes gleicht die fehlende Höhe des Strahls aus. Wie wichtig die Kompression des Strahls ist, zeigte ein Forschungsarbeit der Universität zu Wien. Hier wurde ein Segmentbeschlag untersucht, dessen Besonderheit das

Ein prachtvoll entwickelter gesunder Strahl an einem Hinterhuf. Hier so wenig wie möglich bearbeiten!

beweglich aufgehängte Strahlsegment ist. Das Segment wird dem Strahl angepasst, sodass zwischen Segment und Strahl kein Abstand besteht. Das Hufeisen, das am Huf angenagelt ist, wird mit Segmenten aus Kunststoffen belegt. Das Pferd läuft also auf einem starren Element, ansonsten mit dem Komfort eines Kunststoffbeschlags. Das Segment über dem Strahl hängt beweglich und sehr flexibel über dem Strahl. Anders als sonst beim Hufeisenbeschlag bekommt der Strahl den Impuls zur Entblutung und umgekehrt die Freiheit, Blut in venöses Geflecht einfließen zu lassen. Die Forschung ergab einen durchaus positiven Effekt auf die Gesundheit der untersuchten Pferde. Pferde mit Podotrochlose zeigten lahmfreie und raumgreifendere Bewegung. Negative Beobachtungen gab es keine.

Ich denke, die Bedeutung der korrekten Strahlbearbeitung ist hinreichend verstanden.

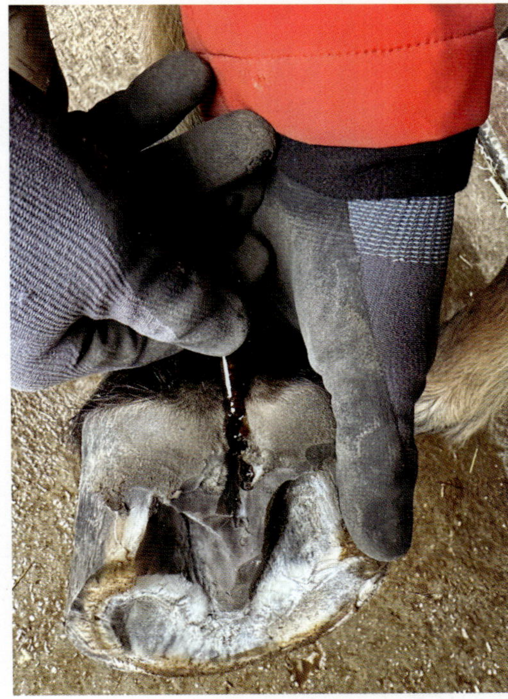

Fäulnis beginnt oft in der mittleren Strahlfurche. Hier wird von unten nach oben ziehend Propolis-Lösung eingeträufelt, um die Erreger zu bekämpfen.

5.10. Abschluss der Arbeit

Wir beenden die Bearbeitung der Hufe genauso wie wir gestartet sind. Das Pferd wird von einem Helfer vorgeführt. Es sollte nun entweder genauso gut, aber vielleicht auch besser laufen.

Aber betrügen Sie sich nicht selber. Ihr Pferd musste die Beine und damit seine Gelenke nun eine ganze Weile in einer vielleicht nicht sehr angenehmen, stark abgeknickten Position halten. Es hat das natürlich gerne und kooperativ mitgemacht, aber – so wie viele von uns es kennen – nach dem langen Sitzen müssen wir unsere Knochen erst einmal wieder in Schwung und Bewegung bringen. Das könnte bei Ihrem Pferd genauso sein und damit hätten Sie neben der frischen Bearbeitung der Hufe auch noch eine weitere Erkenntnis gewonnen.

6. Unterhaltungsarbeiten: Hufpflege von innen und außen

6.1. Der Einfluss der Fütterung

Es ist sehr erstaunlich, wie umfangreich das Angebot an Zusatzfuttermitteln für Hufe ist. Müssen Sie jetzt ein Studium absolvieren, um beurteilen zu können, welche dieser vielen Angebote Sie vielleicht in Anspruch nehmen sollen?

Natürlich nicht. Es gibt zwei Strategien, wie Sie vorgehen können. Erstens können Sie durch Blutuntersuchungen herauszufinden versuchen, ob und welche Nährstoffe Ihrem Pferd fehlen, um sie dann über die Futtergabe zu ergänzen. Ich fahre bei meinen Tieren eine andere Strategie und halte diese auch für deutlich sinnvoller.

Pferde müssen nicht kompliziert gefüttert werden: Sie brauchen frisches Wasser, hochwertiges Heu, eventuell ein bisschen Stroh zum Knabbern und Kraftfutter sowie Mineraldünger/Salz. Ich weiß, dass viele unter Ihnen an diesem Punkt die Nase rümpfen werden, aber ich denke, das Pferd hat einen Dünndarm, um Körner zu verstoffwechseln und einen Dickdarm, um das Raufutter zu verwerten und so sind die Bakterien im Dickdarm und die Enzyme im Dünndarm gut beschäftigt.
Ich bin der Überzeugung, dass beide Elemente, Dick- und Dünndarm, Beschäftigung brauchen, denn in der Biologie werden Strukturen, aber auch ganze Organe, die unwichtig sind, im Verlauf der Evolution nicht mehr gebraucht werden, verkümmern (wie Blinddarm oder Steißbein beim Mensch oder das Griffelbein beim Pferd).

Wenn ich also feststelle, dass ein Pferd eventuell ein Defizit in der Futterdarreichung hat, welches sich in schlechter Hornqualität oder Problemen mit den Hufen offenbart, so gehe ich den einfachsten Weg: Ich gebe dem Pferd ein Huf-Zusatzfuttermittel und beobachte die Veränderung der Hufe penibel.

Das Angebot ist üppig, sollte aber vor allem die wesentlichen Bestandteile an Mineralien, Salzen und Vitaminen enthalten, die dem Pferd mit schlechtem Hufen vermutlich fehlen. Einzig das Biotin ist ein Zusatzfutter, dessen Einsatz bei schlechten Hufen meist wirksam ist.

Es ist auch wissenschaftlich getestet, dass die zusätzliche Gabe von Biotin in einer ausreichend hohen Dosierung sich vorteilhaft auf die Entwicklung der Hufe auswirken kann. Gleiches gilt für die Zusatzfuttermittel. Eine Veränderung der Hornqualität ist nach wenigen Wochen deutlich erkennbar. Die Erfahrung zeigt, dass die Veränderung nicht nur an der Hufkrone, also im Bereich des nachwachsenden Horns sichtbar wird, sondern die gesamte Hornkapsel von dem Zusatzfuttermittel profitiert, wenn ein Mangel vorgelegen hat.

Sollten Sie nach vier oder fünf Wochen keinerlei sichtbare Veränderungen erkennen, ist die weitere Gabe dieses Zusatzfuttermittels meiner Erfahrung nach überflüssig: Es liegt kein Mangel vor. Wer unsicher ist, kann selbstverständlich den

Weg über die Blutuntersuchung gehen. Ich möchte nur ganz kurz anmerken, dass viele Referenzwerte, unter anderem der Referenzwert für Selen, immer noch auf einer sehr schwachen statistischen Basis stehen und der angewandte Referenzwert nicht zwingend für Ihr Pferd gültig sein muss. Wir haben oft erlebt, dass Blutuntersuchungen kein befriedigendes Ergebnis und schon gar keine befriedigende Veränderung der Hufe nach der hier ermittelten Substitution von Mineralien oder Nährstoffen erbrachten. Die Empirik scheint mir in diesem Fall sinnvoller.

6.2. Hufpflege von außen

Welche Idee steckt hinter der Hufpflege von außen? Wenn das Hufhorn schlecht, sprich langsam wächst und wenn man es vor schädigenden äußeren Einflüssen schützen möchte, liegt es nahe, dass man daran denkt, irgendetwas von außen aufzutragen. Traditionell (und noch ohne wissenschaftliche Grundlage) war es lange Zeit üblich, nach dem frisch ausgeführten Hufbeschag die Hufe zu fetten und den Strahl und die Hufsohle mit Holzteer einzustreichen. Das war noch während meiner Lehrzeit in den

1980er-Jahren und in den ersten Jahren als Geselle und junger Meister Standard. Das Fetten der Hufe und auch das Einteeren der Sohle gehörten genauso wie das Striegeln, Bürsten und Satteln zur alltäglichen Routine. Die Universität Oxford hat sich inzwischen mit dem Thema Hufpflege wissenschaftlich auseinandergesetzt und Folgendes herausgefunden: Hufhorn ist sehr quellfähig und daher in der Lage, sehr gut und sehr viel Wasser aufzunehmen. Das aufgenommene Wasser wird zum Teil als freies Wasser im Hufhorn gespeichert, zum Teil aber auch als Bindungsmolekül mit in die Hufhornstruktur eingebaut.
Untersucht wurde dabei folgende Situation. Die Pferde wurden über Nacht in einem trockenen Stall gehalten und morgens auf die feuchte Wiese gebracht. Dort verbrachten sie ihren Tag und kamen abends wieder ins sehr trockene Umfeld. Der Versuchsaufbau führte zu keinen erkenn- oder messbaren Veränderungen in der Qualität des Hufhorns. Nun wurde der Versuchsaufbau geändert: Die Pferdehufe bekamen geringere Zeiten, um das Wasser aufzunehmen, wurden mit den nahezu mit Feuchtigkeit gesättigten Hufen ins Trockene gebracht und wieder zurück. Das Ergebnis war eindeutig: Das schnelle Austrocknen des feuchten Hufs führte zu umfangreichen Problemen des Horns. Schwere Zusammenhangstrennungen der Wand und im Strahl waren die Folge. Die Auswertung ergab, dass Hufhorn mit einem zügigen Wechsel von Feuchtigkeitsaufname und -abgabe Probleme hat und dass morphologische Veränderungen des Horns zu Problemen führten, vor allem in Form von Zusammenhangstrennungen, aber auch insgesamt deutlich verschlechterter Hornqualität.

Dies war dem alten Pferdefreund im geringen Umfang sicher bekannt, denn der Begriff »Windrisse« für oberflächliche Hornzusammenhangstrennungen der obersten Hornschicht, also für Risse, die durch die Verdunstung von Feuchtigkeit auf den Hufen durch den Wind entstehen, ist lange bekannt. Das hat eine einfache Konsequenz: Das Hufhorn mag schnellen Wechsel von feucht zu trocken und umgekehrt nicht. Genau diese Situation wird in der üblichen Haltung den Pferden aber geboten.

Daher bietet sich Fett für die Hufe an. Fett ist wasserabweisend und kann zwei unterschiedliche Effekte haben: Es kann Feuchtigkeit im Huf halten, wenn dieser auszutrocknen droht, oder es kann das übermäßige Eindringen von Feuchtigkeit in den Huf verhindern, wenn die Umgebung zu nass ist.

Ich finde die Begründung, dass Hufe kein Fett bräuchten, sonst hätte die Natur dem Huf Fettdrüsen gegeben, furchtbar – sie disqualifiziert den Aussagenden als Ignoranten. Fett hilft uns, Haltungsdefizite der domestizierten Pferde zu minimieren. Außerdem verwenden die Hersteller von Hufpflegeprodukten heute hochwertige Fette, die mit zuträglichen Stoffen zur Keimabtötung versetzt sind.

Huföle sind sinnvoll, wenn der Huf Zusammenhangstrennungen aufweist. Je dünnflüssiger das Öl ist, umso besser kann der keimtötende Wirkstoff durch den Kapillareffekt auch in den Spalt geführt werden und einer weiteren Verschlechterung der Hornqualität vorbeugen.

Es wird oft behauptet, dass Huffette oder -öle vorrangig an der Hufkrone angewendet werden sollen. Die Idee dahinter war, dass dem Öl oder Fett ätherische Öle zugesetzt sind, die reizend wirken und dadurch die Durchblutung verbessern sollen. Bessere Durchblutung wiederum soll eine bessere Nährstoffversorgung der Kronlederhaut erreichen und damit das Hufwachstum beschleunigen. Nach meiner Beobachtung, ohne hierzu wissenschaftliche Forschungen zu kennen, ist das in der Regel nicht zutreffend. Zutreffend hingegen ist, dass viele Hufe auf ätherische Öle mit leichten Saumbandentzündungen reagieren. Dies ist leicht erkennbar, denn die Schwellung als Resultat der Entzündung führt zum leichten Aufstellen der Haare des Kronsaums.
Dennoch ist die Idee an sich, das Hufwachstum zu beschleunigen, gut: Je schneller das Hufhorn wächst, desto kürzer wirken die Destruenten zerstörend auf das Horn und der Erneuerungsprozess des Hufs wird schneller abgeschlossen.

6.3 Strahlpflege

Beim Thema Strahlpflege gibt es auch immer wieder vollkommen unterschiedliche Meinungen, die meist durch die sozialen Medien, aber weniger durch Sachverstand geprägt sind.

Bei der Pflege des Strahls sind zwei Dinge zu unterscheiden: die Pflege des gesunden und die des an Fäulnis erkrankten Strahls.

6.3.1. Pflege des gesunden Strahls

Die beste Pflege, damit ein guter Strahl auch ein solcher bleibt, besteht in zwei Maßnahmen: erstens viel Bewegung, damit eine gute Durchblutung die Lederhäute versorgt und das Hufhorn, damit auch das Strahlhorn, in optimaler Geschwindigkeit wachsen kann. Zweitens muss die Hornkapsel in einer physiologischen Form gehalten werden. Sie ist dann physiologisch, wenn der Strahl mit ausreichend Platz zwischen den Eckstreben liegen kann und er muss groß genug sein, dass er bei der Belastung des Hufs ausreichend Bodendruck bekommt. Der Bodendruck für den Strahl ist gleichbedeutend mit der Entblutung des darüberliegenden venösen Geflechts.
Wir haben hiermit einen wichtigen Teil der Blutpumpe, ohne die der Hufmechanismus nicht ideal bei der Durchblutung hilft.
Stimmen die Punkte eins und zwei, so ist schon viel getan. Trotzdem ist die Hygiene in der domestizierten Haltung nie auf dem gleichen guten Niveau wie bei den frei lebenden Pferden, die sich auf großen Flächen bewegen. Eine Beschichtung des Strahlhorns mit heute üblichen keim- und pilzbekämpfenden Mittel ist unter Umständen sinnvoll.

Ich stelle aber immer wieder fest: Entfernt man von Fäulnisbakterien stellenweise angegriffenes Strahlhorn bei Pferden, die in einer Haltung leben, in der man eine gute Hygiene zu gewährleisten versucht (nicht

Viel Bewegung auf großen Flächen ist auch für einen gesunden Strahl wichtig.

nur für die Hufe, sondern auch für die Lungen, die Haut ...) und ist so viel Horn vorhanden, dass das befallene vollständig weggeschnitten werden kann, ist der Strahl nach der Bearbeitung kerngesund.

Tipp

Für einen gesunden Strahl braucht es gute Stallhygiene, viel Bewegung und eine gute, physiologische geformte Hornkapsel.

Im gleichen Stall gehaltene Pferde, die problematische Hornkapseln (zum Beispiel Trachtenzwang, oder Ähnliches) haben, sind trotzdem oft von Strahlfäule betroffen.

Beschlagene Pferde tragen ein höheres Risiko an Strahlfäule zu erkranken. (Die Jauche und der Mist können stärker verdichten, die Pumpfunktion des Strahls ist durch den Bodenabstand schlechter), vor allem dann, wenn der Hufstrahl zu stark beschnitten oder gekürzt wird.

Hier ist die Fäulnis am Strahl weit fortgeschritten.

6.3.2. Behandlung des an Strahlfäule erkrankten Pferdes

Fäulnis ist ein Problem, das durch Bakterien ausgelöst wird. Die Bakterien (Fusobakterien, hier meist das Fusobakterium *necrophorum*), die hier relevant sind, gehören zur Gruppe der anaeroben Bakterien. Anaerob bedeutet, dass sie dann am besten arbeiten können, wenn sie nicht mit Sauerstoff in Kontakt sind. Ideal ist die Arbeit der Bakterien dann, wenn es schön warm ist und das umgebende Milieu feucht ist.

Warm, Sauerstoffabschluss und feucht – besser kann man die Situation für viele Hufe im Stall kaum beschreiben. Was ist zu tun? Den Sauerstoffabschluss kann man, gute Hufform vorausgesetzt, sehr begrenzt durch regelmäßiges Auskratzen und Säubern der Hufe verbessern (Waschen der Hufe mit Kernseifenlösung wäre hilfreich). Befriedigend kann es aber nicht gelingen. Sauerstoffabschluss ist auch bei bester Pflege ein Problem. Auch die Temperatur ist kaum bis gar nicht beeinflussbar. Der einzige Parameter, der für uns veränderbar ist, ist die Feuchtigkeit.

Die meisten Mittel, die mit dem Versprechen, Strahlfäule zu bekämpfen, angeboten werden, setzen daher bei der Trockenlegung an. Wird das befallene Strahlhorn trockengelegt, ist dem Bakterium der Nährboden entzogen. Viele Hersteller von Strahlfäulemittel ergänzen ihr Präparat mit Bakterien abtötenden Bestandteilen. Dieser Bestandteil des Produkts ist kurzfristig wirksam; das Trockenlegen verhindert die mittelfristige Neuinfektion.

TIPP

Trockenlegende Substanzen sind meist Salze. Salze des Kupfers sind oft üblich. Keimabtötend werden Teebaumöl, Jod oder Jodverbindungen oder Ähnliches verwendet.

Strahlfäule ist ein ernstzunehmendes Problem. Der Strahl ist ein Platzhalter zwischen den Eckstreben. Verkümmert er durch Fäulnis, ist die Hornkapsel in ihrer Form in Gefahr. Auch der behandelte Strahl, der nun ein sehr viel geringeres Volumen besitzt und die Härte des Wandhorns hat, kann seine Aufgabe im Hufmechanismus nicht mehr erfüllen.

Hinweis

Wird der mit Fäulnis behaftetete Strahl behandelt, entzieht man dem Strahlhorn Wasser. Dies führt zum Schrumpfen, da das Wasser fehlt und zum Aushärten des Strahlhorns. Die physiologischen Bewegungen der Hornkapsel sind gestärkt.

Sensible Reiter merken die Veränderung der Bewegung des Pferdes. Sie verlieren an Schwung und treten weniger kraftvoll auf. Die Schrittlänge verkürzt sich.

Außerdem kann eine starke und nicht behandelte Strahlfäule auch eine Entwicklung zum Strahlkrebs erfahren.

Strahlfäule ist **keine** banale und tolerable Erkrankung des Pferdes!

FILM ▶▶▶

Behandlung eines fauligen Strahls

7. Warum überhaupt Hufschutz?

Es gab viele Jahre, in denen dieses Thema nicht hinterfragt wurde: Sollte das Pferd geritten oder in irgendeiner Weise genutzt werden, stellte sich die Frage nach der Notwendigkeit eines Hufschutzes überhaupt nicht und damit entfiel auch die Frage, womit der Huf geschützt werden sollte. Reitpferde bekamen Hufeisen, basta.
In einer Übergangszeit, in der dann die ersten alternativen Beschläge kamen, war viel Skepsis, aber auch große Neugier da. Hufschuhe hatten zwischenzeitlich einen Peak und aktuell ist das Thema Klebehufschutz in aller Munde. Aber wann, warum und wie sollte der Reiter denn nun eigentlich über den Schutz der Hufe seines Pferdes nachdenken?

7.1. Hufschutz beim gesunden Pferd

Die Pferdehufe müssen Schutz bekommen, bevor Stress der Hufe zu einem Gesamtproblem für das Pferd wird. Der Huf ist ein Tastorgan, welches seine Umwelt in der Bewegung vorzüglich wahrnehmen kann. Um diese Aufgabe erfüllen zu können, sollte das Auftreten auf den Boden ohne Stress und Angst für das Tier möglich sein. Dies ist nicht damit zu verwechseln, dass sich ein Pferd, wenn es nicht besonders dumm ist, auf dem mit Bahnschotter belegen Weg lieber den begrünten Seitenstreifen zum Laufen sucht.
Läuft das Pferd aber aufgrund zu stark abgenutzter Hufe oder deformierter Hufe, die zu fehlerhaften in der Hornkapsel wirkenden Kräften führen, über längere Zeit schonend, so ist das ein intolerabler Zustand. Der dauerhafte und unangenehme von den Hufen ausgehende Reiz zur Schonung wird den gesamten faszialen und muskulären Bereich erfassen. Das Pferd wird sich in eine Schonhaltung flüchten, die länger anhaltend eine Menge weiterer Probleme erzeugen kann. Dies kann bis zu viszeralen Auswirkungen führen, die dann auch oft in der Diagnostik in Hinblick auf den Ursprung ihrer Entstehung nicht verstanden werden.
An dieser Stelle ein kurzer Seitenhieb auf die Dogmatiker unter den Hufleuten:
Klar, es ist toll, wenn ein Pferd barhuf laufen kann, immer, auf allen Wegen, das gesamte Jahr hindurch. Schön, denn sie leben im Paradies, aber die Realität ist eine andere. Auf der Schwäbischen Alb war es immer schon schroff, in der Eifel konnte man tolle Wiesenwege durch Schotterwege ersetzen. So unterschiedlich unsere Regionen sind, so unterschiedlich sind auch die Pferde. Menschen, die die eigene Beobachtung einem Dogma unterordnen, hier dem Dogma, dass das Pferd barhuf laufen **muss**, kann und will ich nicht verstehen. Diese Art der Bauernfänger, die an ihren Pferden verzweifelnde Menschen einfangen, einseifen, beraten und »ihr Bestes wollen«, verkaufen am Schluss nichts anderes als eine Ausbildung für 10.000, 15.000 oder gar 20.000 Euro, ohne Rücksicht auf das Schicksal des Pferdes und sein Leid ignorierend. Hüten Sie sich vor den Bauernfängern, die ihre Ansprache mit: »Alle Pferde können …« beginnen!

Zu kurz?

Der Abnutzungsgrad der Hufe ist über die Betrachtung des Tragrandes zu erkennen. Wird der Tragrand bei abnehmender Sohlenwölbung immer breiter, ist der Huf entweder zu kurz oder die Sohle zu dick. Beides kann dazu führen, dass das Pferd sich schont, wird aber unterschiedlich behandelt. Um die Ursache zu erkunden, finden Sie den Übergang von Strahlspitze zur Sohle (siehe Seite 49). Hier können Sie entscheiden, ob die Sohle zu dick oder der Huf zu kurz ist.
Ein kräftiger Druck mit beiden Daumen kurz vor der Strahlspitze ist auch eine Möglichkeit, die Sohle zu testen. Die Sohle sollte aufgrund Ihres Drucks in Bewegung geraten, das Pferd sollte aber nicht darauf reagieren.

Ist der Huf zu kurz, gibt ein permanenter Hufschutz dem Huf Zeit zum Nachwachsen und das Gangwerk des Pferdes kann sich normalisieren. Ist das Pferd längere Zeit mit zu kurzen oder verspannten Hufen gelaufen, kann eine Behandlung der Muskulatur sinnvoll sein. In diesen Situationen wachsen Hufe oft zuerst sehr langsam. Trotzdem sollte diese erste Hufschutzperiode nicht über Gebühr verlängert werden.

Die Lager der Kunststoff-, Hufschuh- und Hufeisenfreunde sind oft nicht sehr versöhnlich. Aber wie so oft gibt es auf eine Frage manchmal keine so ganz eindeutige Antwort. Für mich (und ich bin niemandem böse, wenn er da anderer Meinung ist) ist der Kunststoff bei einem Pferd, dessen Hufe frühzeitig geschützt werden, die ideale Form des Hufschutzes. Ist der Huf allerdings deutlich zu kurz gelaufen, kann ein starrer Beschlag, und das ist neben Aluminium vor allem das Hufeisen, zuerst einmal Ruhe in das Geschehen bringen. Die gereizten Nervenbahnen können sich erholen und das Pferd kann wieder in das normale Laufen zurückfinden.
Die oft in solchen Fällen propagierten Hufschuhe sind für mich keine Option. Dies ist ein sehr umfangreiches Thema für sich und ich biete Ihnen an, sich zu diesem Thema einen ausführlichen Bericht durchzulesen:

LINK ▶▶▶

Artikel über Hufschuhe

7.2. Das beinkranke Pferd

Ab einem gewissen Alter leiden viele Pferde unter Arthrosen, verletzen sich oder erkranken an den Beinen und die Besitzer müssen einen Tierarzt konsultieren oder sogar eine Tierklinik aufsuchen.
In vielen dieser Fälle bin ich von der Tierärzteschaft mächtig enttäuscht, denn meist

wird reflexartig ein »orthopädischer Hufbeschlag« angeraten. Nicht selten setzt man die unsicheren Pferdebesitzer dabei gewaltig unter Druck, indem man ihnen mitteilt, dass der Beschlag die letzte Möglichkeit sei, dass sie selbst schuld seien, wenn der Beschlag ausbliebe und so weiter.
Mein Appell an die Tierärzteschaft wäre, sich noch einmal bei unterschiedlichen Quellen beraten zu lassen und sich zu informieren, denn das findet meiner Meinung nach leider nicht ausreichend statt.
Nun mögen mich ein paar Tierärzte sicher gar nicht mehr, aber sei es drum! Eines sollte klar sein: Wenn ich ein Haus bauen möchte, muss ich mir sehr viel Mühe geben, um einen vernünftigen und tragfähigen Keller hinzubekommen. Die Stabilität des Kellers wird umso mehr gefordert, je mehr ich ihn später belasten will.
Auf das Pferd übertragen ist der Huf unser Keller. Ist der Keller in schlechtem Zustand, wird auch der größte technische Aufwand, der eine fehlbelastete Wand entlasten soll, noch ein Polster und noch eine Krampe immer das gleiche Ergebnis haben: Das gesamte Bauwerk ist und bleibt fragil!
Die Sanierung und Veränderung des Barhufs hin zu einer zum Pferd passenden physiologischen Form ist **immer** der erste und notwendige Schritt einer orthopädischen Maßnahme.
Noch schlimmer ist, dass viele Beschläge, so wie man sie alltäglich sieht, sogar die Ursache für das Entstehen einiger Erkrankungen sind.
Trotzdem gibt es bei verletzten und erkrankten Pferden Situationen, in denen ein stabilisierender Beschlag angesagt ist.

Wichtig ist mir nur, dass auch in der Orthopädie ein Umdenken weg von Stereotypen und hin zur sachlichen und fachlichen Auswahl der Hufarbeit hingeht, die den Barhuf genauso einschließt wie die alternativen Hufschutzmöglichkeiten.

TIPP

Bei einem Beispielpferd sind die Hufzehen zu lang und die Tracht ist untergeschoben. Der Rat des Tierarztes, die Zehe zu kürzen und einen korrektiven Keilbeschlag anzubringen, wird keine nachhaltige Besserung bringen. Langfristig wird die Verordnung des Beschlags die Hufsituation und die gesundheitliche Prognose für das Tier sogar deutlich verschlechtern.
Die Empfehlung die Barhufbearbeitung zu optimieren wäre der richtige Weg.

8. Das beschlagene Pferd – Pannenhilfe für Reiter

Ist Ihr Pferd mit Hufeisen beschlagen, können zwei Dinge immer wieder passieren. Erstens kann sich das Eisen lockern und die Nägel können verloren gehen. Oder das Eisen ist fest, aber ein Schenkel ist krummgetreten. In beiden Fällen müssen Sie reagieren.

FILM ▸▸▸

Nagel nachziehen

Fangen wir mit dem einfacheren Fall an: Dieses Eisen hat sich gelockert. Hier können Sie einfach vorgehen und die bestehende Niete mit Ihrem Clincher noch einmal nachziehen. Wenn der Huf in gutem Zustand ist, wird das problemlos gelingen, vorausgesetzt, Sie tun es frühzeitig. Warten Sie zu lange mit dem Nachziehen, haben sich die Nagelköpfe schon weit in den Nagelsitz im Hufeisen eingearbeitet und Sie werden das nicht mehr fest bekommen.

Wenn Sie einen neuen Nagel einschlagen, achten Sie immer darauf, dass die Zwicke, das ist die angeschrägte Seite der Nagelklinge, nach innen Richtung Strahl zeigt.

FILM ▶▶▶

Nagel nachsetzen

Wenn Sie merken, dass das Eisen ein wenig locker wird, reagieren Sie sofort. Wenn Sie ein wenig zu lange gewartet haben, kann es Ihnen passieren, dass Sie zwei oder drei anstatt nur eines Nagels austauschen müssen. Aber auch das ist kein größeres Problem, denn das Entfernen eines Nagels können Sie mit dem Öffnen der Niete und dem Zurückhauen des Nagels und Ihrer Beschlagzange gut erledigen.

Wenn Sie ein bisschen mehr Geld investiert haben, haben Sie vielleicht eine Nagelziehzange. Mit der ist es kein Problem. Sie können nun in dieses bestehende Nagelloch einen neuen Nagel einsetzen. Damit Sie den richtigen Nagel zur Hand haben, sollten Sie sich unbedingt von Ihrem Schmied ein paar passende Hufnägel geben lassen oder sich die Größe der Nägel merken, damit Sie die passenden einkaufen können.

Viel falsch machen können Sie dabei nicht, solange Sie darauf achten, dass die Zwicke des Hufnagels zum Inneren des Hufs, also Richtung Strahl zeigt. Das vorhandene Nagelloch sollte normalerweise in einem Zustand sein, in dem Sie den Nagel schon mit Ihrem Daumen in den Huf hineingedrückt bekommen. Ist das geschehen, sollten Sie mit dem Hammer den Nagel noch ein wenig in den Sitz des Hufeisens hineinhauen, dann den Nagel umbiegen, abzwicken und vernieten, wie es im Video zu sehen ist.

Im schlimmeren Fall ist das Eisen verbogen. Hier hat es keinen Sinn, mit Nagelreparaturen zu arbeiten. Das Hufeisen muss abgenommen werden. Öffnen Sie dazu alle Nieten und ziehen Sie die Nägel einzeln. Ein krummes Eisen, das selbst nach einigen Schritten wieder vermeintlich gerade aussieht, führt unweigerlich zu Druck im Bereich des Tragrands. Das Pferd fühlt sich damit sehr unangenehm und wird nachhaltig eine Verschlechterung des Gangbilds zeigen, eventuell können sogar Hufentwicklungen in die falsche Richtung laufen. Sollten Sie jemanden in der Nähe haben, der mit Hammer und Amboss umgehen kann, sollte es für ihn kein Problem darstellen, das Hufeisen wieder gerade zu klopfen. Die optische Kontrolle reicht dabei völlig aus: Das Hufeisen muss wieder eben sein. Sie haben gerade vielleicht schon einen Nagel

FILM ▶▶▶

Eisen abnehmen

Zum Ersetzen eines Nagels benötigen Sie (v.l.n.r.) eine Beschlagzange, einen Clincher und eine Nagelziehzange (ganz rechts).

ausgetauscht. Wenn Sie einen Nagel austauschen konnten, können Sie in diesem Fall auch fünf oder sechs Nägel austauschen. Haben Sie keine große Scheu. In den alten Nagellöchern die neuen Nägel zu versenken, sollte ein überwindbares Problem für Sie darstellen.

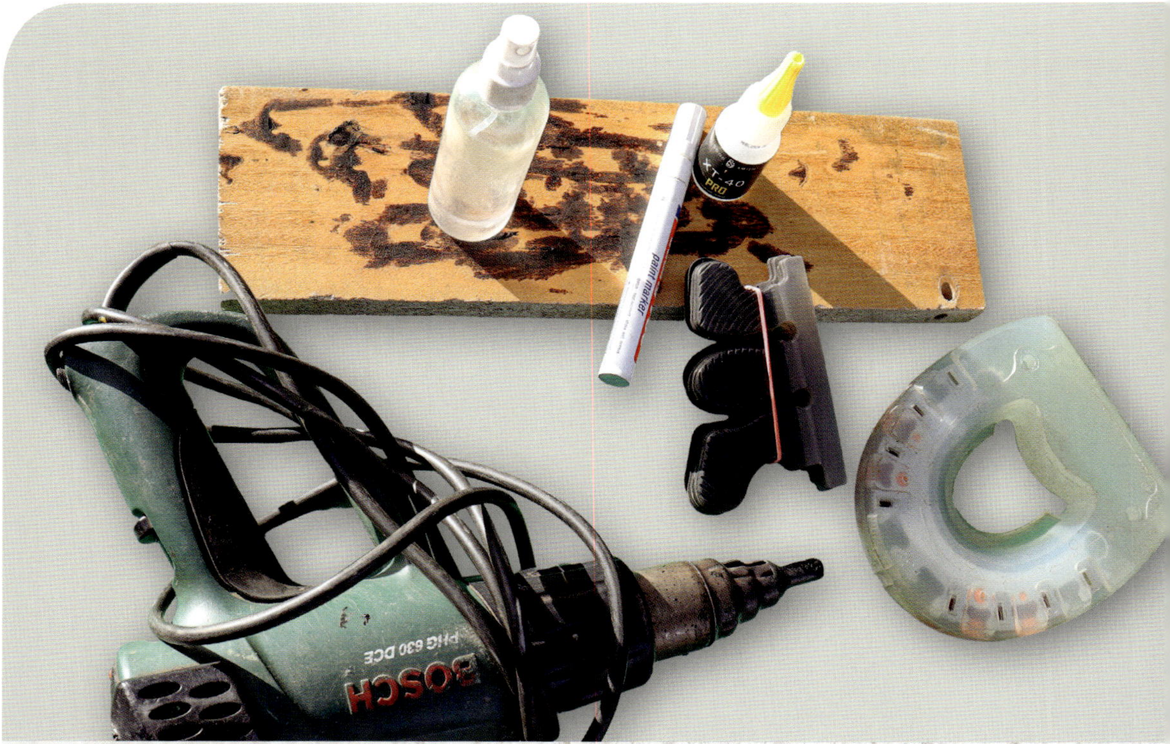

9. Ich kleb dir eine!
Hufschutz ankleben

Wenn Sie Barhufpferde haben, dann werden Sie irgendwann einen Hufschutz brauchen. Das Kleben ist sicherlich eine der besten Alternativen. Beginnen wir mit dem geklebten Laschenschuh. Später erkläre ich die Anwendung des *Performer1*.

Wenn Sie einen solchen von einem Fachmann anbringen lassen, wird es immer wieder vorkommen, dass Sie im Verlauf einer Beschlags- beziehungsweise Beklebperiode eine Lasche nachkleben müssen. Sie brauchen dazu nicht viel Werkzeug. Ein wenig Schmirgelleinen, vielleicht ein wenig Alkohol zum Entfetten und den Sekundenkleber, schon sind Sie präpariert und können die Lasche wieder neu ankleben. Aber auch das Ankleben eines kompletten Beschlags ist kein Hexenwerk – wenn Sie das ein paarmal gesehen haben, werden Sie feststellen, dass Sie das durchaus auch können. Nur Mut – Sie können hierbei nicht viel falsch machen außer sich die Finger zu verkleben, wenn Sie nicht ordentlich mit Handschuhen gearbeitet haben. Auch das Schweißen ist nach wenig Übung kein unüberwindbares Problem.

9.1. Werkzeug für das Bekleben

Welches Werkzeug beziehungsweise Material brauchen Sie dazu?

Natürlich

1. Einen PUR-Kunststoffbeschlag, die
2. verschweißbaren Laschen, dann
3. Sekundenkleber und

Der SHS-Klebebeschlag »Perfomer 1« ist auch für Laien gut anwendbar.

4. Alkohol. Sie brauchen einen
5. Industriefön, der eine Temperatur von 600 Grad erreichen sollte, eine
6. Holzplatte als Arbeitsplatte für das Schweißen.
7. Ein Schleifgerät wäre noch sinnvoll, wie eine Flex oder Ähnliches, um den Beschlag in Form zu bringen. Sollte der Huf Ihres Pferdes eine völlig andere Form haben als Sie mit dem Kunststoffbeschlag bekommen, sprich Sie müssen größere Mengen an Material vom Kunststoffbeschlag entfernen, so können Sie das entweder mit einer
8. Stichsäge oder, als kleiner Tipp von mir, auch mit einem sogenannten Laminatschneider tun. Der ist recht günstig im Baumarkt zu bekommen und mit ihm kann man wirklich sehr gut einen Kunststoffbeschlag schneiden. Gut, Sie brauchen auch noch einen
9. Wasserfester Filzstift, mit dem können Sie dann die Form des Kunststoffbeschlags vom Huf auf den Kunststoffbeschlag übertragen und diesen dann bündig mit dem Huf schneiden.
10. Handschuhe zum Kleben aus Nitril.

9.2. Die Verarbeitung

Dieses bündige Schneiden des Kunststoffbeschlags bedeutet, dass der aufgeklebte Kunststoffbeschlag eine kürzere Verweilzeit hat als das üblicherweise bei einem anderen Beschlag der Fall ist, da der Huf kein Zylinder ist, sondern kegelförmig auseinander wächst. Das bedeutet, dass der Huf mit jedem Millimeter Wachstum größer wird als der Beschlag. Daher muss der Kunststoffbeschlag nach etwa vier Wochen vom Huf genommen und der Huf nachgeschnitten werden.

Der Kunststoffbeschlag kann aber, und das ist der Vorteil dieses Materials, vielleicht noch einmal verwendet werden. Das Anschweißen der Laschen ist genauso einfach wie Sie es im Video sehen: Sie wärmen den Kunststoffbeschlag vor, bis er anfängt leicht zu glänzen. Dasselbe machen Sie mit den Laschen. Sie haben sich vorher angezeichnet, in welchem Bereich Ihre Laschen am Kunststoffbeschlag zum Liegen kommen sollen. Nun rollen Sie den Beschlag über die warmen Laschen und erwärmen alles mit der feinen Düse des Industrieföns, schon ist das Material verschweißt. Zur Kontrolle sollten Sie die untere Kante kurz einmal mit Ihrem Schleifgerät anfeilen, um zu sehen, ob die Verbindung perfekt ist.

FILM ▶▶▶

Laschen anschweißen

Jetzt haben Sie Ihre Beschläge vorbereitet. Der Huf muss nach dem Bearbeiten an der Wand auf das Kleben vorbereitet werden. Das heißt, das Glasurhorn wird ein wenig angeraut oder entfernt. Der Huf muss in dem Bereich, in dem Laschen zu liegen kommen, penibel sauber sein.

LINK ▶▶▶

www.equicura.de

FILM ▶▶▶

Der vollständige Arbeitsgang des Anklebens.

Sinnvollerweise sollte man mit vergälltem Alkohol, also mit Isopropylalkohol, den Huf entfetten. Dasselbe sollten Sie auch mit den Laschen tun. Schon kann das Kleben losgehen. Kleben Sie eine Lasche an der Innenseite und eine Lasche an der Außenseite des Hufs an. Hier brauchen Sie ebenfalls zwingend einen Helfer, denn es ist am einfachsten, den Huf auf dem Boden stehend zu bekleben. Damit das gut gelingen kann, muss ein anderer Huf, meistens derselbe Huf auf der anderen Achse, angehoben werden, damit Sie ganz in Ruhe und ohne Gefahr für Ihre Gesundheit kleben können. Wenn das erledigt ist, sind Kleber und Huf miteinander verklebt. Sie können nun eine weitere Klebeschicht auf die Außenkanten der Klebelaschen bringen, um durch diese »Versiegelung der Laschen« zu verhindern, dass Schmutz die Lasche von dem Hufhorn entfernt. Das funktioniert in der Regel problemlos. Selbst ein Anfänger wird hier Erfolg haben. Vielleicht gibt es am Anfang den einen oder anderen Fehler in der Verschweißung.

Aber nach der zweiten oder dritten Beklebung wird das Ganze souverän funktionieren, wenn Sie den Mut nicht zu schnell verlieren. Sie haben ein erhebliches Maß an Autarkie gewonnen und sind im Zweifelsfall nur auf die Hilfe des Hufbearbeiters angewiesen.

Sie können sich jedoch bei einem Ausritt oder sogar beim Wanderritt ganz einfach selbst weiterhelfen. Herzlichen Glückwunsch.

FILM ▶▶▶

Laschen nachkleben

9.3. Andere Klebevarianten

Sie können auch noch ein anderes System von Klebebeschlag verwenden, nämlich den SHS-Schuh *Performer1*, wie er heute heißt. Hier brauchen Sie anderes Werkzeug. Der Schuh und die Laschen sind schon miteinander verbunden. Das ist eine schöne Sache.

Der SHS-Beschlag wird durch Erwärmen im Wasserbad von Hand verformbar.

Sie sparen sich die Schweißarbeit, müssen den Schuh aber auf eine andere Art und Weise für den Huf passend machen. Das tun Sie, indem Sie den Beschlag in ein Wasserbad legen, das so warm sein muss, dass der Schuh nach einigen Minuten von Hand verbiegbar wird. Anders als der Hersteller angibt, lege ich den Schuh für circa fünf Minuten in kochendes Wasser. Nun können Sie den Schuh an den Huf halten und in die passende Form biegen. Die Laschen werden nicht mit Sekundenkleber, sondern in der Regel mit doppelseitigem Klebeband befestigt. Die eine Hälfte des Klebebandes ist in den Laschen des Schuhs schon angebracht. Sie nehmen die Laschen, befreien sie von der Abdeckfolie, können den Schuh in einem Arbeitsgang an den Huf anpassen und im nächsten Schritt schon die Laschen ankleben. Das geht mit ein wenig Übung sehr einfach, ist aber nicht unbedingt für jeden Huf geeignet, da die Verformbarkeit der Schuhe nur etwas begrenzt funktioniert. Vielleicht haben Sie Lust und probieren es für Ihr Pferd aus. Das reduziert natürlich das notwendige Material für Sie sehr. Sie brauchen im Prinzip nur einen Topf und eine Wärmequelle für das heiße Wasser.

Die nächste für uns in Frage kommende Möglichkeit an Klebesystemen ist der *DALLMER Cuff*. Er ist der Klassiker unter den geklebten Schuhen, am längsten auf dem Markt und kann mit unterschiedlichen Klebern verwendet werden. Ich bevorzuge den *DALLMER*-Kleber, einen Zweikomponentenkleber, wie er von seinem Erfinder damals vorgesehen war. Er ist vielleicht handwerklich am anspruchsvollsten zu verwenden, darum ist er nicht mehr so ganz beliebt, jedoch er ist in seinen Möglichkeiten am weitesten. Das Grundelement des

FILM ▶▶▶

Verarbeitung des Klebebeschlags SHS-Perfomer 1

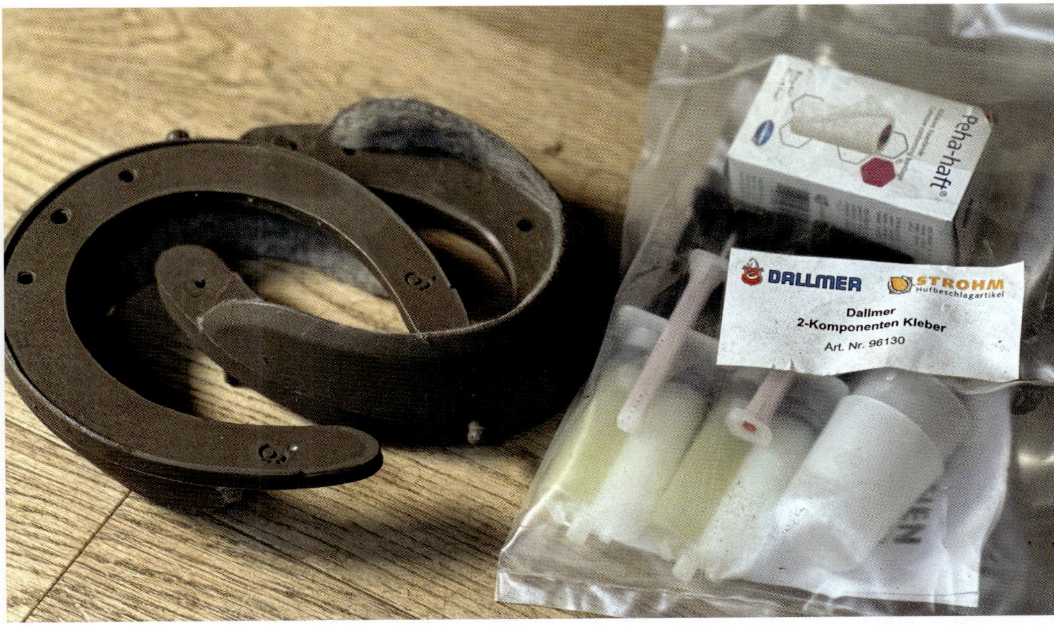

Dallmer Cuff mit Zweikomponentenkleber.

Beschlags, der *Cuff* (dt.: »Manschette«) wird einfach mit dem *DALLMER*-Zweikomponenten-Kleber versehen und auf den vorbereiteten Huf geklebt. Damit er nicht verrutscht oder sich verschiebt, gibt es einen Halteriemen zur Montage, der über den Ballen gezogen wird.

Es dauert dann einige Zeit, bis der Kleber so weit abgebunden hat und am Huf festsitzt. Übrigens als kleine Anmerkung: Das gilt für alle Kleber! Auch wenn Sekundenkleber draufsteht, braucht er trotzdem 24 Stunden, um vollständig ausgehärtet zu sein.

Der *Cuff* ist in diesem Fall aber nur das Grundelement. Auf dieses können nun verschiedene Dinge aufgebracht werden. Sie können ein Hufeisen mitbestellen, das Sie mit einer Biegevorrichtung an den Huf Ihres Pferdes anpassen könnten. Für Sie als ambitionierten Reiter wird aber eher der Fall sein, dass Sie an den *Cuff* einen beliebigen Kunststoffbeschlag anschrauben. Der Einfachheit halber könnte man diesen natürlich auch vor dem Ankleben schon mit dem *Cuff* zusammenbringen; das ist Geschmackssache. Ich mache es in der Regel andersherum. Ich klebe erst den *Cuff* und danach wird der Kunststoffbeschlag auf dem *Cuff* angeschraubt. Hier habe ich jede Möglichkeit, orthopädisch einzuwirken. Das ist in einigen Bereichen wünschenswert und sinnvoll, jedoch sicherlich eher für den sehr ambitionierten Reiter zu empfehlen.

PODCAST

Zum Podcast:
So finden Sie den richtigen Hufkurs!

Dieser Link führt Sie außerdem zu einer Liste von Hufkurs-Anbietern.

Zum Schluss ...

Nun haben Sie eigentlich ein gutes Rüstzeug, um nicht mehr vollkommen aufgeschmissen zu sein, wenn Ihr Hufschmied oder Hufbearbeiter einmal keine Zeit hat.

Auch beim Besuch eines Hufkurses sind Sie nicht mehr ganz ohne Vorkenntnisse. Es kann Ihnen aber auch durchaus passieren, dass es bei dem Seminarleiter oder der Hufkursleiterin gar nicht so gut ankommt, wenn Sie eventuell die eine oder andere Frage stellen und darauf hinweisen, dass Sie es hier etwas anders gelesen hätten. Das Problem ist: Niemand muss eine Prüfung ablegen, um einen Hufkurs für Reiter anbieten zu dürfen. Und ich sage Ihnen, wenn es eine solche Prüfung gäbe, wurde die Zahl der Anbieter auf ein mikroskopisch kleines Maß zusammenschrumpfen.

Ich habe schon einmal darüber geschrieben – der Dunning-Krüger-Effekt ist allgegenwärtig. Ganz kurz erklärt: Menschen mit hoher Kompetenz zweifeln immer wieder an sich selbst und wirken eher unsicher, Menschen mit wenig Wissen halten sich für unschlagbar und tragen das Schild der eigenen Großartigkeit vor sich her und werden von anderen als top und kompetent wahrgenommen. Gerade im Hufbereich erzählen Ihnen die Referenten der zweiten Sorte über das Hufeisen und den Klebebeschlag, haben ihre Barhufausbildung, in der Hufschutz gar nicht vorkam, aber erst vor vier Wochen mit ausreichendem Ergebnis knapp bestanden. Na ja, der Prüfer hatte wohl keine Ahnung ...

Ich wünsche Ihnen jedenfalls viel Erfolg bei Ihrer Hufbearbeitung und ganz viel Spaß mit locker und frei laufenden Pferden!

Ihr Burkhard Rau

Burkhard Rau,

Pferdemann seit der Jugendzeit, Abitur, Biologiestudium, dann die Ausbildung zum Hufbeschlagschmied. Seit den 90ger-Jahren ist er als Fachmann für alle Fragen um den Huf für viele Pferdezeitungen (Freizeit im Sattel, Pegasus, ReiterRevue, Cavallo, Feine Hilfen, Pferde Fit und Vital usw.) aktiv.

Weitere Stationen waren: Weiterbildung zum Schmiedemeister und Hufbeschlaglehrschmied, Prüfung als amerikanischer Hufschmied (CJF, CMF), Prüfung als Hufpfleger und NHC Hufbearbeiter, Master F-Balance, Mitentwickler der BPHC Barhufbearbeitung.

Er ist außerdem Autor zahlreicher erfolgreicher Bücher. Unter anderem stammt der Titel »Hufe gesund reiten« aus seiner Feder, erschienen im Verlag Müller Rüschlikon. Die öffentliche Bestellung als Versteigerer und Wertschätzer für Pferde, Sachverständiger für Hufbeschlag und Hufpflege runden das Portfolio ab.

Die Reitschule

Die erfolgreiche Ratgeberreihe

für alle Reiter und Pferdefans

Kaja Stührenberg
Tölt richtig reiten
96 Seiten, 80 Bilder
ISBN 978-3-275-02254-0
€ 13,95 / € (A) 14,35

Petra Dürr/Carola Steen
Kaltblutpferde reiten
96 Seiten, 80 Bilder
ISBN 978-3-275-02198-7
€ 11,95 / € (A) 12,40

Burkhard Rau
Hunde gesund reiten
224 Seiten, 192 Bilder, 73 Strichzeichnungen
ISBN 978-3-275-02271-7
€ 34,90 / € (A) 35,90

Urte Biallas
Bodenarbeit
96 Seiten, 85 Bilder
ISBN 978-3-275-01708-9
€ 11,95 / € (A) 12,40

Monika Hannawacker
Zirkuslektionen
96 Seiten, 74 Bilder
ISBN 978-3-275-01831-4
€ 11,95 / € (A) 12,40

Änderungen in Preis und Lieferfähigkeit vorbehalten.

Überall, wo es Bücher gibt oder www.mueller-rueschlikon.de
Service-Hotline: 0711-78 992 151

Müller Rüschlikon